Richard Deiss

Flügelradkathedrale und Zuckerrübenbahnhof

Kleine Geschichten zu 222 europäischen Bahnhöfen

Adresse des Autors:
Email: richard.deiss@gmail.com
Machnower Str. 65
14165 Berlin

Titel Innenseite: alter Bahnhof von s-Hertogenbosch (Wikipedia)

Herstellung und Verlag: BoD- Books on Demand, Norderstedt
Sechste Auflage 2019, Originalausgabe

© Richard Deiss, Berlin 2019

Printed in Germany

ISBN   978-3-8391-2913-5

Bibliografische Information der Deutschen Nationalbibliothek
Die Deutsche Nationalbibliothek verzeichnet diese Publikation in der Deutschen Nationalbibliografie; detaillierte bibliografische Daten sind im Internet über http://dnb.d-nb.de abrufbar

Inhalt

Vorwort 5

1. Nordeuropa

1.1	Schweden	6
1.2	Norwegen	9
1.3	Dänemark	11
1.4	Finnland	13
1.5	Baltikum	17

2. Benelux

2.1	Niederlande-Randstad	23
2.2	Übrige Niederlande	33
2.2	Belgien	40

3. Frankreich

3.1	Paris und der Norden	54
2.2	Elsaß und Lothringen	59
2.2	Übriges Frankreich	61

4. Großbritannien und Irland

4.1	Raum London	65
4.2	Südengland	69
4.3	Mittel- und Nordengland	73
4.4	Schottland	81
4.5	Wales und Insel Man	83
4.6	Nordirland	85
4.7	Republik Irland	85

5. Südeuropa

5.1	Italien	88
5.2	Spanien	94
5.3	Portugal	100
5.4	Griechenland	103
5.5	Zypern und Malta	104

6. Mittel und Osteuropa

6.1	Polen	105
6.2	Tschechische Republik	108
6.3	Slowakei	111
6.4	Ungarn	112

7. Südosteuropa

7.1	Slowenien	115
7.2	Kroatien	116
7.3	Serbien und Montenegro	117
7.4	Makedonien und Kosovo	119
7.5	Rumänien	121
7.6	Bulgarien	125
7.7	Türkei	126

8. Russland und die Ukraine

8.1	Ukraine	129
8.2	Russland- europäischer Teil	131
8.3	Sibirien	136

9. Kaukasus 139

Anhang 140

Literatur 146

Vorwort

Eisenbahnbücher gibt es viele, aber Bücher zu Bahnhöfen schon weniger. Vor allem fehlt es an leicht lesbaren internationalen Übersichten zu interessanten Bahnhöfen.

Im Sommer 2007 brachte ich deshalb das *Taschenbuch Palast der tausend Winde und Stachelbeerbahnhof* heraus, welches kleine Geschichten, interessante Fakten und Anekdoten zu 200 Bahnhöfen weltweit enthielt. Im Laufe der Zeit sammelten sich weitere Anekdoten an. Anfang 2009 publizierte ich schließlich einen zweiten Band ,*Der Lebkuchenbahnhof am Ende der Welt*' mit 200 Anekdoten zu Bahnhöfen außerhalb Europas. Mittlerweile ist ein weiterer Band zu amerikanischen Bahnhöfen dazugekommen (,*Grand Central Terminal und Pampabahnhof*').

Doch da es zu Bahnhöfen in Europa noch weitere Anekdoten und interessante Fakten gibt, ergab sich die Notwendigkeit eines eigenen Europabandes, um alle Geschichten unterzubringen.

Das vorliegende Buch enthält somit Anekdoten und Fakten zu 222 europäischen Bahnhöfen (außerhalb Deutschlands und den Alpenländern).

Gegenüber der letzten, im Sommer 2014 publizierten Auflage neu aufgenommene Bahnhöfe sind mit einer Raute ❖ gekennzeichnet, besondere Geschichten mit einem Stern ★.

Eine Neuauflage ist alle zwei Jahre geplant. Der Autor reist selbst viel mit der Bahn und hofft, dass die eine oder andere Geschichte, für Reisende, die auf Bahnhöfe(n) abfahren, interessant ist.

Jörg Berkes (Langen) möchte ich für Hinweise zu dieser Auflage herzlich danken.

Bonn, im August 2019
Richard Deiss

1. Bahnhöfe in Nordeuropa

1.1 Schweden

★ Vassijaure und das Einschussloch

An der Erzbahn Kiruna-Narvik, 7 km vor der norwegischen Grenze, liegt der Bahnhof Vassijaure. Am 20. Mai 1940 stand hier Sven Sjöberg, ein junger schwedischer Ranger, am Bahnsteig und wartete auf einen Brief, der mit dem Zug kommen sollte. Doch plötzlich tauchte ein deutsches Amphibienflugzeug auf, das in niedriger Höhe auf die Bahnstation zuflog. Da die Deutschen zuvor Norwegen besetzt hatten und die Station in Grenznähe lag, war sie mit Geschützen ausgestattet und sogar ein gepanzerter Zug war hier stationiert. So wurde das Feuer auf das Flugzeug eröffnet. Die Deutschen erwiderten es und Sjöberg wurde getroffen. Schwer verletzt wurde er mit dem Zug nach Kiruna gebracht, doch er starb noch während der Fahrt. Am nächsten Tag traf am Bahnhof Vassijaure Post für Sjöberg ein - die Erlaubnis den Dienst zu verlassen, um seinen Eltern auf dem Bauernhof zu helfen. Bei der Nachricht seines Todes brach seine Mutter zusammen und erholte sich nicht mehr. Der Bahnhof soll immer noch Einschusslöcher des Schusswechsels aufweisen und an Sjöberg erinnert eine Gedenkplatte auf dem Bahnsteig.

Kiruna

Die nordschwedische Stadt Kiruna lebt vom Bergbau. Der unterhöhlte Untergrund führt jedoch zu Senkungen und immer mehr Gebäudeschäden. Deshalb wurde beschlossen, die Stadt bis 2022 (ursprünglich war 2012 geplant) um 4 km an einen sicheren Hang zu verlegen. Als eines der ersten Gebäude muss der Bahnhof von Kiruna verlegt werden. Auch sonst tut sich Ungewöhnliches in der Gegend. In der

Nähe (in Jukkasjärvi) gibt es ein Eishotel, das jeden Winter neu aufgebaut wird und der britische Unternehmer Branson möchte bei Kiruna einen `Spaceport´ für Weltraumtouristen errichten. Außerdem gibt es eine Station der Weltraumagentur ESA.

Stockholm CS

Vor dem Hauptbahnhof von Stockholm steht ein Standbild, und zwar nicht eines Königs, sondern des Ingenieurs Nils Ericson (1802-1870), der so maßgeblich am Aufbau der Eisenbahn im Lande beteiligt war, dass er fast schon als `Vater der schwedischen Eisenbahn´ gelten kann. Kurz vor Vollendung des Bahnhofs im Jahre 1871 starb Ericson. Die Bahnhofsfassade hat sich seither kaum verändert, doch innen sieht es heute anders aus. Die gewölbte Halle, in der die Dampfloks ausschmauchten, ist jetzt ein Wartesaal und der Bahnhof vom Kopf- zum Durchgangsbahnhof geworden. An den Bahnhof schließt sich ein Busbahnhof und das schwedische *World Trade Center* an. Dieses Gebäude war von Anfang an energietechnisch so optimiert, dass es nur 15 Prozent seines Energieverbrauches bei den Stadtwerken einkaufen muss, zeitweise wird sogar dem städtischen Fernwärmesystem Energie eingespeist. Dies wird unter anderem durch ein gewölbtes, transparentes Dach erreicht, welches Energie einfängt, aber auch im Sommer zur Kühlung beiträgt. Im Winter wird sogar Wärmeenergie aus den 25000 Passanten gewonnen, die täglich durch das World Trade Center gehen. Das brachte den Bahnhofsbetreiber *Jernhusen* auf die Idee, Ähnliches im Bahnhofsbereich zu versuchen. Im Frühjahr 2008 verkündete man, dass man in Zukunft auch die Wärmeenergie, die täglich über 200 000 Passanten in den Bahnhof tragen, nutzen wolle, um ein 13-stöckiges Bürogebäude am Bahnhof zu heizen. Bis zu 15 Prozent der für Heizung des Gebäudes aufgewandter Energie wollte man so gewinnen.

☞ Im Erdgeschoss des Stockholmer Bahnhofs gibt es eine kreisrunde Öffnung, durch die man in die tiefer gelegene Verteilerebene schauen kann. Im Volksmund wird die Öffnung *Spucknapf* (*spottkoppen*) genannt.

Laholm - das kleine Haus in der Prärie

Als man die Bahnlinie Malmö-Göteborg für den Eisenbahnschnellverkehr begradigte bekam der Ort Laholm an der neuen Strecke einen neuen Bahnhof. Das Empfangsgebäude, ein kleines Ziegelhäuschen am Bahnsteig, fiel jedoch bescheiden aus. Weil es zudem 3 km vom Ortszentrum entfernt liegt, hatte es im Volksmund, inspiriert von einer amerikanischen TV-Serie ('Lilla huset in het Prärie' in Deutschland lief sie in den 1980ern unter dem Titel *„Unsere kleine Farm"*) bald den Spitznamen *'das kleine Haus in der Prärie'*.

Malmö und das Ufo

Im Jahr 2000 wurde die feste Öresundverbindung eröffnet, damit waren Kopenhagen und Malmö per Eisenbahn verbunden. Doch in Malmös Hauptbahnhof müssen die Züge Kopf machen und von dort muss die Stadt umfahren werden, um zur Brücke zu gelangen. Deshalb ist ein Citytunnel im Bau, der Malmö Centralen zum Durchgangsbahnhof machen wird und im Stadtgebiet weitere Halte aufweist. Der wichtigste neue Bahnhof (täglich werden 40 000 Fahrgäste erwartet) wird die an einem dreieckigen Platz gelegene unterirdische Station Triangeln sein. Ende 2010 soll die Strecke eröffnet werden, doch die Glaskuppel des Lichtschachtes der Station Triangeln ist im Straßenbild bereits zu sehen. Wegen der Anmutung des linsenförmigen Daches schrieb eine örtliche Zeitung im März 2010 *„Ufo mitten in Malmö gelandet"*.

1.2 Norwegen

Oslo - der Bahnhof der Tigerstadt

Vor dem Hauptbahnhof von Oslo befindet sich die Bronzeskulptur eines Tigers. Oslo hat in den letzten Jahren nach einem Symbol gesucht und Tiger sind heute positiv besetzt. Wirtschaftlich erfolgreiche Länder werden etwa als `Tiger´ bezeichnet, so Island als `arktischer Tiger´ und Finnland als `nordischer Tiger´. Doch im 19. Jahrhundert waren die Lebensbedingungen noch schwierig (man denke an Knut Hamsuns Roman `Hunger´, 1890) und die Stadt galt als so unbarmherzig, dass der Schriftsteller Bjørnsterne Bjørnson sie 1870 in einem Gedicht als *Tigerstadt* bezeichnete, was sich als Beiname der Stadt etablierte. Damals gehörte Oslo übrigens noch zu Dänemark und hieß Christiania (ab 1878 auch Kristiania), und die wichtigste Station war noch der 1882 eröffnete Ostbahnhof (daran anschließend wurde 1980 der moderne Zentralbahnhof errichtet). Erst 1925 wurde der alte Name Oslo wieder eingeführt. Trotz Ölbooms gab es seit den 1990er immer mehr Bettler (norwegisch `Tigger´), die sich auf dem Bahnhofsplatz aufhielten. Oslo wurde deshalb spöttisch bereits auch `*Tiggerstaden*´ genannt.

Hell frozen over

In Norwegen gibt es eine Bahnstation auf der Linie von Trondheim nach Bodø namens *Hell*. Der Halt wird vom Schaffner auch Englisch ausgerufen "Next stop Hell". Auf dem Bahnhofsgelände befindet sich ein Güterschuppen mit der Aufschrift „*Gods Expedition*" (Güterbeförderung), was für Englischsprachige ebenfalls den Namen des Bahnhofs auf interessante Art ergänzt. Im Winter ist die Station oft von Schnee und Eis bedeckt, was Englischsprachige wiederum zum Ausdruck `*Hell frozen over*´ animiert.

Finse 1222

Ein spezieller Bahnhof, *Finse 1222*, findet sich auch auf der norwegischen Bergenlinie. Dieser liegt 1222.2 Meter über dem Meer und ist damit der höchstgelegene Nordeuropas. Unweit vom Bahnhof findet sich ein Hotel, das ebenfalls mit dieser Zahl wirbt, *Finse 1222*.

Trondheim und die Synagoge

Trondheim liegt nördlich des 63. Breitengrades und diese geographische Lage führt zu mehreren, teilweise vermeintlichen Rekorden. Mit der Grakallen-Linie hat Trondheim die nördlichste Straßenbahnstrecke der Welt. Der im Stadtviertel Kalvskinnet am Wasser gelegene erste Bahnhof Trondheims beherbergt heute die angeblich nördlichste Synagoge der Welt. Jedoch findet sich die nördlichste in Murmansk, die Synagoge von Trondheim, die die kleine jüdische Gemeinde der Stadt nach dem Erwerb des still gelegten Bahnhofs dort 1925 einrichtete, liegt lediglich an fünfter Stelle (ist jedoch sicher die nördlichste Norwegens).
☞ Trondheim war übrigens im Mittelalter wegen dem im Trondheimer Dom begrabenen heilig gesprochenen König Olav wichtigstes Pilgerzentrum Nordeuropas und galt deshalb als „*Jerusalem des Nordens*'.

Trondheim und der Erdrutsch

1877 baute man in Trondheim auf einer künstlichen Insel im Hafen einen neuen Bahnhof, um gute Anschlüsse an die Schifffahrt zu gewährleisten. Doch besonders stabil war das neu geschaffene Terrain nicht, denn bereits im April 1888 gab der Boden nach, es kam zu einem Erdrutsch und 180 Meter Gleise wurden vom Meer verschlungen. Der Bahnhof wurde dreimal umbenannt, denn ebenso oft änderte sich der Name der Stadt. Bei seiner Eröffnung hieß die Stadt Throndhjem, später Trondhjem, dann Nidarors und ab 1931 schließlich, wie noch heute, Trondheim.

1.3 Dänemark

Kopenhagen - das Interrailer-Paradies

In den 80er Jahren, als noch viele junge Leute mit Interrailbahnpass unterwegs waren, hatte der 1911 erbaute Hauptbahnhof von Kopenhagen bei diesen einen guten Ruf. Er war der erste Bahnhof, der ein spezielles Interrailer-Center hatte, mit Kochplätzen, Duschen und Reiseinformationen. Aber der Bahnhof ist nicht nur Interrailer-Treffpunkt: Auch Kopenhagener sagen `mód mig under uret´, `treffen wir uns unter der Bahnhofsuhr´.

Høje Taastrup

Der Bahnhof des Kopenhagener Vororts Høje Taastrup wurde 1986 eröffnet und ist sogar Halt von Zügen nach Hamburg. Mit seinen drei Bögen hat das Empfangsgebäude über den Gleisen, das zum Symbol der Gemeinde wurde, Anlass zu einem Wortspiel gegeben. Høje Taastrup wird wegen des Bahnhofs ‚Buernes By' (Stadt der Bögen) genannt, was fast so klingt wie *Byernes By* (‚Stadt der Städte'). Am Südende des Bahnhofskomplexes steht ‚*Thors Turm*', mit 26 Metern die höchste Skulptur Skandinaviens.

Aarhus

Die Kopenhagener halten sich für die einzigen Großstädter Dänemarks. Eine Bemerkung von ihnen ist, wieso die Fernzüge eigentlich Intercity hießen, es gäbe doch nur eine City im Land. Die Kopenhagener machen zudem gerne Witze über die Jütländer beziehungsweise die Einwohner von Aarhus. Einer geht so: *Wieso hängen die Aarhuser die Türen der Toiletten aus? Damit niemand durchs Schlüsselloch schauen kann.* Ob dies auch für den Hauptbahnhof von Aarhus gilt immerhin ist er mit 17 000 Fahrgästen und über 30 000 Bahnhofsnutzern pro Tag der belebteste dänische Bahnhof außerhalb von Kopenhagen.

❖ Køge Nord und der neue Bahnhofsschlauch

Der im Mai 2019 eröffnete Bahnhof Køge Nord verknüpft die neue Hochgeschwindigkeitesstrecke Kopenhagen-Ringsted mit der S-Bahn, verschiedenen Fahrradwegen und einer Autobahn. In Städten mit stärkeren Beinamentraditionen, so etwa London, Rotterdam oder Berlin hätte die lange Fußgängerüberführung längst den Beinamen Schlauch, Tausendfüßler oder Enddarm. In Dänemark ist jedoch noch nichts von einem Beinamen zu hören. Zu hoffen, dass langfristig durch Vandalismus und Abnutzung aus dem langgezogenen Bau der Büros COBE sowie DISSING+WEITLING kein `langes Elend´ wird.

❖ Helsingør und Hamlet

Im dänischen Helsingør liegt die Festung Kronberg. Kronberg wird auch Hamletschloss genannt, denn in William Shakespeares Hamlet lebt der Held (`Sein oder Nichtsein´) in dieser Festung. Kaum hat man den Bahnhof verlassen, stößt man links vom Portal auf eine Bronze-Statue von Hamlet, rechts davon eine Statue seiner Geliebten Ophelia. 1937 hatte sie der dänische Bildhauer Rudolph Tegner geschaffen. 1938 wurden sie in einem Park beim Schloss Marienlyst aufgestellt, in welchem Bürgermeister Christensen ein Hamletmuseum einrichten wollte. Dafür sollte eine Statue von Shakespeare plus Statuen der drei wichtigsten Figuren des Stückes geschaffen werden. Doch nur zwei Statuen wurden realisiert. 1980 wurden sie aus dem Park entfernt und in einem Depot eingelagert. 1983 wurden sie in der Innenstadt aufgestellt, 1996 zogen sie in die Nähe des Schlosses um. Wegen Bauarbeiten mussten sie 2008 noch mal auf Zeit umziehen, diesmal an den Bahnhof. Und dort stehen sie noch heute.

1.4 Finnland

Helsinki Hbf - der Bahnhof mit Riesen

Im Jahre 1904 wurde ein Wettbewerb für einen neuen Hauptbahnhof Helsinkis ausgeschrieben. Gewinner war der junge Architekt Eliel Saarinen (1873-1950) mit einem nationalromantischen Entwurf in neoromanischem Stil. Dies löste jedoch eine Debatte aus, in welcher sich Stimmen für modernere Formen stark machten. Schließlich überarbeitete Saarinen seinen Entwurf radikal in Richtung einer moderneren und klareren Jugendstilarchitektur. Der Bahnhof hat eine 50 Quadratmeter Warte-Lounge, die einst speziell für den russischen Zaren erbaut wurde, doch später dem finnischen Präsidenten vorbehalten war. Denn als der Bahnhof 1919 eröffnet wurde, war Finnland bereits nicht mehr Teil Russlands. Der Stationsname wurde in zwei Sprachen angebracht - Finnisch und Schwedisch. Die klare Formensprache des Bahnhofs, mit mächtigem Uhrturm, ausgeführt in rosa Granit und Riesen als Lampenträgern, beeindruckt noch heute. Sein Architekt Eliel Saarinen wanderte 1923 in die USA aus. Sein Sohn Eero Saarinen wurde u.a. durch das TWA-Terminal am John F. Kennedy-Flughafen in New York berühmt

☞ Neben dem Bahnhof von Helsinki wurde auch bereits der 1905 erbaute Jugendstilbahnhof der Stadt Kajaani als `*schönster Bahnhof Finnlands*´ bezeichnet.

Nokia - der unscheinbare Bahnhof

Die Firma Nokia wurde 1865 in der finnischen Kleinstadt Nokia gegründet und stellte einst Papiererzeugnisse und Gummistiefel her. Heute telefonieren weltweit über 1 Milliarde Menschen mit Nokia-Handys und es ist bereits vorgekommen, dass Asiaten, in Finnland zu Besuch, extra mit dem Zug nach Nokia fahren. Dort sind sie jedoch

enttäuscht, dass sie keinen Hightech-Bahnhof vorfinden, sondern nur ein paar Bahnsteige ohne Empfangsgebäude.
☞ Einen Nokia-Bahnhof gab es zeitweise auch in Bochum (durch Werksschließung in Bochum-Riemke umbenannt).

Einmal nach Inari

Im Sommer 1998 kam der 1997 gedrehte Film `Zugvögel - einmal nach Inari´ in die deutschen Kinos. Regisseur war Peter Lichtefeld. Der Protagonist Hannes wurde von Joachim Krol dargestellt. Hannes ist Bierfahrer in Dortmund, hat aber hauptsächlich Zugverbindungen im Kopf. Unbedingt möchte er am Kursbuchwettbewerb im nordfinnischen Inari teilnehmen. Hannes packt die Koffer, reicht den Urlaub ein. Doch plötzlich sitzt ein neuer Boss im Chefsessel und will Hannes nicht gehen lassen. Hannes dreht durch, schlägt den Chef k.o. und macht sich auf die Bahnreise an den Polarkreis. Die Ironie der Geschichte: Inari, am Inari-See in Lappland gelegen, liegt in Wirklichkeit weit von jeder Bahnstrecke und also auch von jedem Bahnhof entfernt.
Der Protagonist muss deshalb vom Bahnhof von Kemijärvi, wohin auch nur einmal am Tag ein Zug fährt, mit dem Bus nach Inari weiterreisen. Lichtefeld kam die Idee zum Film angeblich 1994 auf der Rückreise per Bahn von Sodankylä nach Helsinki. Doch auch in Sodankylä selbst gibt es keinen Bahnhof.

Der Bahnhof von Humppila und die Posträuber

Im Jahre 1973 brannte der Bahnhof von Humppila ab. Einbrecher hatten versucht, den Safe des nahe gelegenen Postamtes aufzubrechen. Als sie Geräusche hörten, machten sie sich Hals über Kopf davon, ließen jedoch den Schweißbrenner mit offener Flamme liegen. So brannte nicht nur das Postamt ab, sondern auch der benachbarte Bahnhof. Erst zehn Jahre später wurde das neue funktionale Empfangsgebäude Humppilas fertig.

Der Bahnhof von Kolari

Der Bahnhof von Kolari ist der nördlichste der Finnischen Eisenbahn. Von hier sind es über 1060 km bis zum Hauptbahnhof von Helsinki. Kolari liegt in Lappland an der Grenze zu Schweden und ist über eine Stichstrecke an Tornio Grenzstation zu Schweden, angebunden.

Das 2000 errichtete Empfangsgebäude hat ein kegelförmiges Dachelement, welches den Stil einer Lappenhütte nachahmt. Lappenhütten haben, zwecks Rauchabzug, ebenfalls solche kegelartigen Dächer. Der Bahnhof von Kolari ist vor allem in der Wintersaison belebt; dann kommen hier zahlreiche Skifahrer aus dem Süden des Landes an.

Mannerheims Salonwagen in Mikkeli

In der ostfinnischen Stadt Mikkeli befand sich im Zweiten Weltkrieg das Hauptquartier der finnischen Armee. Der Salonwagen, mit welchem Feldmarschall Mannerheim 1939-1946 fast 80 000 km durch Finnland zurücklegte, ist am Bahnhof von Mikkeli ausgestellt und kann jedes Jahr am 4. Juni (Mannerheims Geburtstag) besichtigt werden.

Mannerheims Salonwagen im Bhf von Mikkeli

Littoinen und Lenin

Im Jahr 1907 versuchte der russische Revolutionär Wladimir Iljitsch Lenin vom damals noch zu Russland gehörenden Finnland nach Schweden flüchten. Er nahm in einem Vorort Helsinkis einen Zug nach Turku, von wo aus es mit dem Schiff weitergehen sollte. Im Zug wähnte sich Lenin jedoch von zwei Mitgliedern der Geheimpolizei des Zaren verfolgt. Um seine Verfolger abzuschütteln, sprang Lenin im Bahnhof Littonen, kurz vor Turku aus dem gerade abfahrenden Zug. Lenin wurde leicht verletzt, konnte sich aber bis zum Hafen von Turku durchschlagen. Dort war der Dampfer nach Schweden aber bereits abgefahren. Mit Hilfe von Sympathisanten gelang es Lenin, auf dem zwischen Finnland und Schweden gelegene Inselarchipel Zuflucht zu finden und von dort später ein Schiff nach Schweden zu nehmen. Von Schweden gelangte Lenin schließlich nach Deutschland und in die Schweiz. Heute erinnert eine Gedenktafel im Bahnhof Littoinen an Lenins Sprung aus dem Zug.

★ **Lahti und noch einmal Lenin**

Im Frühling 1917 kehrte Lenin per Bahn aus der Schweiz über Deutschland, Schweden und Finnland nach St. Petersburg zurück. Die russische Revolution war in Gang gekommen und Deutschland besorgte für Lenin Fahrkarten und Visa, denn durch die Revolution glaubte man den Kriegsgegner Russland schwächen zu können. Doch noch einmal bekamen traditionelle russische Kräfte die Oberhand und Lenin musste im Juli 1917 ein letztes Mal aus Russland fliehen. Als Heizer verkleidet ging es auf einer Lokomotive nach Helsinki. Doch bereits im Bahnhof von Lahti musste Lenin seine Position verlassen, denn die Hitze der Dampflok ließ das Wachs schmelzen, das die Maske auf Lenins leicht erkennbarem Gesicht hielt.

1.5 Baltikum

Der prächtige Bahnhof von Haapsalu (Estland)

Haapsalu ist ein Kurort an der Westküste Estlands. Als 1905 die Eisenbahnlinie St. Petersburg-Tallinn (Reval) nach Haapsalu verlängert wurde, wählte die Zarenfamilie den Ort als Sommerfrische. Also musste ein repräsentativer Bahnhof her. Schließlich wurde ein sehr langgestrecktes Bahnhofsgebäude errichtet, dessen Bahnsteigdach den mit 216 m damals längsten überdachten Bahnsteig Europas vor Wind und Wetter schützte. Denn die aussteigende Zarenfamilie sollte bei ihrer Ankunft keinesfalls im Regen stehen müssen. Der Bahnhofskomplex enthielt zudem einen Pavillon für die Zarenfamilie. 1995, zum 100. Geburtstag der Bahnlinie, wurde der Zugverkehr nach Haapsalu eingestellt. Seit 1997 befindet sich in im Originalstil erhaltenen Bahnhof das Estnische Eisenbahnmuseum.

Bahnhof Haapsalu (der linke Flügel beherbergt das Museum)

Der Bahnhof von Riga und das russische Popduo

Die Bahnhöfe des Baltikums weisen heute aufgrund von Bus-, PKW- und Flugzeugkonkurrenz und veränderter Verkehrsströme nach dem Zerfall der Sowjetunion nur noch wenig Reisende auf. Eine Ausnahme ist der Hauptbahnhof von Riga, wo im November 2006 bereits der 25-millionste Fahrgast des Jahres gezählt wurde. Im Mai 2003 hatte der Bahnhof sogar prominente Reisende. Das russische Popduo *Tatu* war zum Eurovision Song Contest aus Moskau angereist und da die beiden angeblich lesbisch sind, fragten sich manche, ob sie nun im selben Nachtzugbett geschlafen hatten. Auf der Bahnhofsrückseite befinden sich übrigens Markthallen, die in ehemaligen Zeppelin-Hangars untergebracht sind, welche das deutsche Militär im 1. Weltkrieg im Westen Lettlands zurückließ.

☞ Zu Sowjetzeiten zeigte der Bahnhofsturm die Zeit digital an, mit der Renovierung wurde eine Analoguhr angebracht.

Valga/Valka

An der Grenze zu Lettland liegt die estnische Stadt Valga. Auf der lettischen Seite liegt Valka. Valga/Valka war einst eine Stadt. Doch nach dem Ersten Weltkrieg und dem Zerfall des Russischen Reiches reklamierten sowohl Estland als auch Lettland die Stadt. Schließlich wurde der Britische Kommissar für die baltischen Staaten Sir Stephen Tallents herbeigezogen, um ein neutrales Urteil zu fällen. Tallents schlug vor, die Stadt entlang des örtlichen Flusses zu teilen. So kam der größere Nordteil der Stadt, einschließlich des Bahnhofs, als Valga zu Estland, der südlich des Flusses gelegene Teil als Valka zu Lettland. Als das Baltikum durch die Sowjetunion annektiert wurde, fiel die Grenze zwischen beiden Orten wieder weg und 1949 wurde der Bahnhof großzügig (in einem Stil, welcher an Weinbrenner-Bauten in Karlsruhe erinnert) neu errichtet. 1991 wurden die baltischen Staaten wieder unabhängig und diese nahmen ihre Staatlichkeit sehr ernst. So wurden in der Stadt Grenzzäune errichtet und für unerlaubtes Überschreiten drohte Haft. Doch seit dem Beitritt zum Schengenraum im Dezember 2007 ist auch dies wieder Vergangenheit, Grenzkontrollen gibt es nicht mehr. Züge aus Lettland fahren jetzt wieder bis Valka - der einzige internationale Schienenverkehr zwischen beiden Ländern.

Vilnius Flughafenbahnhof

In einem Blog zu Flughäfen meinte ein Teilnehmer, der Flughafen von Vilnius hätte die Atmosphäre eines Bahnhofes. Seit Oktober 2008 ist das nicht mehr ganz falsch, denn der Flughafen der litauischen Hauptstadt hat seither einen eigenen Flughafenbahnhof mit Anschluss an den Hauptbahnhof von Vilnius- der erste Flughafenbahnhof des Baltikums.

Vilnius Flughafenbahnhof

Vilnius Hauptbahnhof

Die Sowjetunion hatte einst die höchste Zahl von Metro- und Straßenbahnsystemen aller Länder der Welt. Und obwohl Litauen 45 Jahre zur Sowjetunion gehörte, gibt es in der Hauptstadt Vilnius keine U-Bahn und nicht einmal eine Straßenbahn. Da man eine richtige Metropole sein will und die Verkehrsprobleme mit wachsender Kraftfahrzeugdichte in der eng bebauten Innenstadt gravierender werden, gibt es jedoch Planungen, in ferner Zukunft eine U-Bahn zu bauen. Die Zeit des schienenverkehrslosen Stadtverkehrs hat man zudem im Jahr 2003 schon mal durch die Eröffnung eines standseilbahnartigen Schräglifts von der Innenstadt zur Burg Gediminas in abgekürzt.
In der Bahnhofshalle wurde bereits ein Modell des Bahnhofs im HO Maßstab komplett mit U-Bahnröhren aufgebaut. Aus heutiger Sicht noch wirklichkeitsferner als die U-Bahntunnel im Modell sind jedoch die Schienenfahrzeuge, die auf den Eisenbahngleisen verkehren - es sind Lokomotiven, die das DB-Signet tragen. Selbst wenn die DB es wollte, könnten ihre Loks nicht auf dem Breitspurnetz der litauischen Eisenbahn fahren. Eine zweite Modellbaulandschaft in der Bahnhofshalle zeigt eine weitere Utopie. Ein Hochgeschwindigkeitszug vom Typ ICE in einer Landschaft, die Litauen darstellen soll (aber auch Häuser im Alpenstil enthält). Immerhin hat man hier das DB-Logo mit dem der litauischen Bahn LG überpinselt. Dass das litauische Bahnnetz lange Zeit Teil des russischen bzw. sowjetischen Netzes war und deshalb nicht isoliert betrachtet werden kann, zeigt sich auch in der aufgebauten Modellbahnlandschaft. Die Wendeschleifen des Miniatur-Schnellbahnnetzes liegen in Weißrussland bzw. in Kaliningrad.

Modellbahnlandschaft im Hauptbahnhof von Vilnius

Kupiskis

Ursprünglich sollte die litauische Stadt Kupiskis einen Bahnhof nahe dem Stadtzentrum erhalten. Doch die Stadt sah nicht ein, warum sie der Bahn diese Entscheidung durch eine Zahlung (eine Art Bestechungsgeld) erleichtern sollte. So baute die Bahngesellschaft den Bahnhof weitab vom Zentrum und die Bewohner der Stadt mussten weit laufen oder eine Kutsche bestellen, um diesen zu erreichen.

Marijampoles schöner Bahnhof

Der Bahnhof der litauischen Stadt Marijampole wurde erst 1923 gebaut. Litauen war seit wenigen Jahren unabhängig und wollte architektonisch Zeichen setzen. So fiel der Bahnhof mit hohem Uhrturm und Jugendstilanklängen stattlich aus. Im 2. Weltkrieg wurde Marijampole stark zerstört. Doch der Bahnhof blieb unversehrt und ist heute eine der wenigen architektonischen Sehenswürdigkeiten der Stadt.

★ Sugihara und die Visa am Bahnhof von Kaunas

1939 wurde der Japaner Chiune Sugihara Vizekonsul des japanischen Konsulats im litauischen Kaunas. 1940 besetzte die Sowjetunion Litauen und viele Juden aus Polen, wo ihnen Gefahr von den deutschen Besatzern drohte, versuchten ein Ausreisevisum zu bekommen. Hunderte Flüchtlinge kamen ins japanische Konsulat, um Visa nach Japan zu beantragen, wo es in Kobe eine jüdische Gemeinde gab und wohin man via Transsibirische Eisenbahn gelangen konnte Doch die japanische Regierung stellte nur Visa an Personen mit ausreichenden Mitteln oder mit einem Visum eines Drittstaates zur Ausreise nach Japan aus. Dies wurde Sugihara auf Anfrage vom Außenministerium mehrfach bestätigt. Doch die Schlangen vor dem Konsulat wurden immer länger. So beschloss Sugihara im Juli 1940 nach Rücksprache mit seiner Frau, die Vorschriften verletzend in Eigeninitiative Visa herauszugeben, die ein 10-Tage Transitvisum für Japan enthielten. Täglich soll er 18-20 Stunden mit dem Ausstellen von Visa beschäftigt gewesen sein und so Tausenden Juden das Leben gerettet haben. Doch die japanische Regierung mochte dem Treiben nicht lange zuschauen und schloss am 4. September 1940 das Konsulat und zwang Sugihara, nach Deutschland auszureisen. Doch noch auf dem Bahnsteig des Bahnhofs von Kaunas und im Zugabteil stellte Sugihara Visa aus. Als der Zug nach Berlin abfuhr, musste Sugihara die Visa aus dem Fenster auf den Bahnsteig werfen, damit sie den Flüchtlingen noch zu Gute kommen konnten und am Schluss warf Sugihara sogar den Visastempel in die Menge, damit die Antragsteller sich ihr Visum selbst stempeln konnten. Nach Kaunas war Sugihara als Generalkonsul in Prag und Königsberg und schließlich in der Gesandtschaft in Bukarest tätig. Dort geriet er in russische Gefangenschaft, konnte jedoch 1946 über die Transsibirischen Eisenbahn nach Japan ausreisen.

2. Benelux

2.1 Niederlande- die Randstad

Amsterdams Fundament

Der Hauptbahnhof von Amsterdam ist der am stärksten frequentierte Bahnhof der Niederlande (150 000 Reisende und 100 000 Besucher pro Tag). Er wurde 1881-1889 durch den Architekten Cuypers in ähnlichem Stil wie das Rijksmuseum der Stadt erbaut und auf drei kleinen Inseln im Ijsselmeer angelegt, die mit Dünensand, der beim Bau des Nordseekanals anfiel, aufgefüllt wurden. Zusätzlich mussten 8687 Pfähle in den Boden gerammt werden, um ein stabiles Fundament zu erhalten. Der Bau sackte anfangs trotzdem etwas ein, was zu Verzögerungen führte. Eigentlich versperrt der Bahnhof der Stadt den Blick aufs Ijsselmeer. Sein Hauptportal wurde wie ein Stadttor angelegt, um zu zeigen, dass dies der neue Weg in und aus der Stadt ist. An der Ostseite des Bahnhofs findet sich der erhaltene Königspavillon, komplett mit Kutschenparkplatz.

Amsterdam CS und seine Kopien

Während Rotterdam und Den Haag moderne Zentralbahnhofsgebäude haben, weist Amsterdam eines der schönsten historischen Empfangsgebäude Westeuropas auf. Kein Wunder, dass seine Architektur mehrere Male kopiert wurde. So soll die Architektur des Hauptbahnhofs von Tokio vom Amsterdamer Bahnhof inspiriert worden sein. Nach Kriegszerstörungen ist die Ähnlichkeit heute aber nicht mehr augenscheinlich. Größer ist die Ähnlichkeit mit dem Ana-Hotel im *Huis ten Bosch* Holland-Themenpark bei Nagasaki. Der Amsterdamer Hauptbahnhof war Vorbild für dieses Hotel, doch setzte man ein paar Stockwerke mehr drauf als im Original, um mehr Gäste unterzubringen. Eine fast perfekte Kopie stand dagegen im *Holland Village* in

Shenyang in Nordostchina. Dort hatte man den Amsterdamer Bahnhof 2000 perfekt nachgebaut - als Restaurant, später wurde das diese Kopie aber wieder abgerissen.

Haarlems schöner Bahnhof

Am 20. September 1839 setzte sich in Amsterdam ein Zug in Bewegung, um 30 Minuten später die 16 km entfernte Stadt Haarlem zu erreichen. Wie beim ersten deutschen Zug zwischen Nürnberg und Fürth hieß die Lokomotive Adler (ndl. *de Arend*). Damit hatte das Eisenbahnzeitalter in den Niederlanden begonnen. Haarlems erster Bahnhof war aus Holz, doch schon ein paar Jahre später wurde ein stattlicher Bahnhof in neoklassischem Stil gebaut. Doch Anfang des 20. Jahrhunderts wurde die Bahnlinie in der Stadt hochgelegt, um den Verkehr nicht zu behindern, und ein neuer Bahnhof musste gebaut werden. Der Architekt D.A.N. Margadant errichtete zwischen 1905 und 1908 den einzigen Jugenstilbahnhof der Niederlande, der Kennern als die schönste Bahnstation des Landes gilt. Schon bei der Eröffnung wollte man die Idylle nicht stören. Für Fahrgäste, die aus der nahe gelegenen psychiatrischen Klinik kamen, gab es einen eigenen Wartesaal.

Leidens Hauptbahnhof

Wie in etlichen anderen holländischen Städten wurde auch in der Studentenstadt Leiden in den 1950er Jahren die die Stadt durchquerende Bahntrasse hochgelegt, um die verkehrliche Trennwirkung zu vermindern. So musste auch ein neues Empfangsgebäude errichtet werden. Der in grauer Betonarchitektur gehaltene Nachkriegsbau fand jedoch in der Bevölkerung wenig Gefallen. Bald war die Redensart *„so hässlich wie der Bahnhof von Leiden'* (zo lelijk als het station van Leiden) im Umlauf. In den folgenden Jahrzehnten wuchs, auch durch die steigende Studentenzahl, das Verkehrsaufkommen und bald war das Empfangsgebäude zu klein geworden. Schließlich riss man den grauen Betonbahnhof ab, um an seine Stelle eine luftig-leichte Glas-Stahlkonstruktion zu setzen, die 1996 eröffnet wurde. Doch die Stadt war noch nicht zufrieden. Da Leiden nach dem Verkehrsaufkommen an fünfter Stelle der holländischen Bahnhöfe lag, wollte die Stadt den Bahnhof als CS (Centraal Station, also Hauptbahnhof) klassifiziert wissen. Die niederländische Bahn sträubte sich erst, denn man scheute die Kosten, die entstehen würden, wenn andere Städte ebenfalls eine Umbenennung verlangten. Schließlich gab die Bahn nach, legte aber fest, dass nur die fünf größten niederländischen Bahnhöfe den Zusatz CS tragen dürften (Amsterdam, Rotterdam, Den Haag, Utrecht und eben Leiden). Opfer dieser Politik wurde Almere, dessen Bahnhof von CS zu Centrum umbenannt wurde. Ob sich daraus eine Feindschaft zwischen Almere und Leiden ergab, ist nicht bekannt.

Leidens Ode an Rembrandt

Im Herbst 2005 wurde am Leidener Bahnhofsplatz eine Skulptur des niederländischen Künstlers Jan Wolkers installiert. Titel der Skulptur ‚Ode an Rembrandt'. Hätte man noch ein paar Monate gewartet, wäre die Eröffnung mit dem 400. Geburtstag des größten Sohnes der Stadt zusammengefallen. Doch nicht nur Rembrandt van Rijn wurde in Leiden geboren, sondern auch der Schriftsteller und Künstler Wolkers selbst und dieser legte die Eröffnung an seinen eigenen, den 80. Geburtstag. Lieblingsmaterial von Jan Wolkers (1925-2007) war eigentlich Glas, doch da etliche seiner auf öffentlichen Plätzen installierten Skulpturen Opfer von Vandalismus wurden, setzte er in Leiden auf eine Stahlskulptur, die nur in sicherer Höhe Glaselemente aufweist. Die bunten Scherben in Fenstern der Skulptur sollen einen Bezug zur farbenfrohen Malerei Rembrandts herstellen.

Rotterdam Blaak und seine Beinamen

1982 bekam der Rotterdamer Bahnhof Blaak U-Bahn-Anschluss. Die U-Bahn wurde so angelegt, dass Platz war, auch den an einer Hochbahnstrecke gelegenen Bahnhof selbst später unter die Erde zu legen. Im September 1993 wurde dann die neue unterirische Bahnstation Blaak eröffnet. Damit man den Bahnhof auch finden konnte,

Bahnhof Rotterdam-Blaak

wurde im von moderner Architektur geprägten Stadtteil Blaak ein auffälliges oberirdisches Zugangsgebäude errichtet, welches von der Bevölkerung bald mehrere Spitznamen bekam: *Fluitketel* (Flötenkessel), *Pedaalemmer* (Tretmülleimer) und *Putdeksel* (Kanaldeckel).

Rotterdams Exit

Im Mai 2006 standen über dem Eingang des Rotterdamer Hauptbahnhofs groß die Lettern EXIT. Das war kein Fehler, sondern ein Kunstprojekt, mit dem sich die Stadt vom alten Bahnhof, einem recht brutalistischen Nachkriegsbau, verabschieden wollte. Das Empfangsgebäude aus dem Jahre 1957 wurde danach abgerissen, um einem modernen

Ansprüchen genügenden Neubau zu weichen. Die spektakuläre Architektur des mittlerweile fertiggestellten Rotterdamer Hauptbahnhofs hatte bereits im Entwurfstadion einen Spitznamen. Die Bevölkerung nannte den Bahnhofsentwurf *Patatzak*, Kartoffelsack also.

Rotterdams neuer Zentralbahnhof

Utrechts Zentralbahnhof

Utrecht ist mit täglich über 150 000 Fahrgästen der wichtigste Verkehrsknoten des niederländischen Bahnsystems. Utrecht ist der Hauptsitz der niederländischen Eisenbahngesellschaft NS und der Utrechter Bahnhof hat die Funktion eines Nullpunktes des niederländischen Eisenbahnnetzes. An vielen Bahnhöfen des Landes ist eine Kilometerzahl markiert, die die Bahnentfernung bis Utrecht angibt. Bereits im Jahre 1843 hatte Utrecht einen ersten Bahnhof. Doch bald war dieser zu klein und bereits 1855 wurde ein Neubau errichtet. Durch die zentrale Lage Utrechts wuchs der Verkehr schnell weiter und 1865 gab es wieder einen Umbau. Dieser hielt sich endlich länger - bis 1936, als ein neuer Bahnhof errichtet wurde, der allerdings nicht lange bestehen sollte. Denn bereits im Dezember 1938 brannte er bis auf die Grundmauern ab. 1939 erhob sich

schließlich ein lichter, eleganter Neubau aus der Asche. Der Dachfirst des Bahnhofs wurde passenderweise von der Figur eines Phoenix verziert. Doch der Vogel verschwand wieder, denn in den 1970er Jahren wurde das Empfangsgebäude abgerissen und durch eine Ladenpassage in Hochlage, Hoog Catherijn (Volksmund: *Hoog Chagrijn*, großer Kummer) genannt, ersetzt. Viele hatten jetzt Mühe, die Bahnschalter zu finden. Was hatte man sich dabei gedacht? Ob die Bahnplaner wohl auf einem anderen Planeten lebten? Das in Bahnhofsnähe gelegene und *Tintenfass* genannte Verwaltungsgebäude der Niederländischen Eisenbahn gibt dieser Vermutung Nahrung - auf seinem Dach hat ein Architekt ein Ufo platziert.
Der neue, bei Eisenbahnfans eher unbeliebte Bahnhof wurde bis 2014 wieder umgebaut. In der Miniaturstadt Madurodam, welche die wichtigsten Gebäude der Niederlande im Miniaturmaßstab wiedergibt, zeigte man früh ein Modell des neuen Bahnhofs. Mit dem Nachbau des alten Empfangsgebäudes hat man sich gar nicht erst aufgehalten.

Utrecht Maliebaan

Während das starke Verkehrswachstum bei der Utrechter Zentralstation zu häufigen Umbauten und dem heute gesichtslosen Erscheinungsbild geführt hat ist der Utrechter Bahnhof Maliebaan durch geringes Verkehrsaufkommen in seiner Schönheit bewahrt worden. Der 1874 erbaute Bahnhof wurde bereits 1939 für den Personenverkehr stillgelegt. 1954 wurde im Bahnhof das Niederländische Eisenbahnmuseum eingerichtet. Als man Anfang der 1970er Jahre den alten Zentralbahnhof von Den Haag abriss, verfrachtete man den königlichen Wartesaal nach Utrecht und baute ihn in der Maliebaan-Station wieder auf. Seit dem Jahr 2005 halten am Bahnhof Maliebaan wieder Züge, so dass die Besucher des Eisenbahnmuseums dieses, wie es sich gehört, mit der Bahn erreichen können.

Utrecht Maliebaan

Utrecht Overecht und die Rutsche

Der Bahnhof von Utrecht Overdrecht gilt als einziger in Europa (und weltweit), den man über eine Kinderrutsche erreichen kann. Statt eine Treppe hinabzusteigen kann man zur Passage, die zu den Bahnsteigen führt, hinunterrutschen. Es sind allerdings eher Kinder als Pendler, die von dieser Gelegenheit (offiziell als `transfer accelerator´ bezeichnet) Gebrauch machen.

Rutsche im Bahnhof Utrecht Overecht

★ **Vleuten und der schlaue Bürgermeister**

Vleuten ist eine kleine Bahnstation westlich von Utrecht auf der Strecke nach Den Haag. 1930 sollte der Bahnhof wegen schwacher Nachfrage geschlossen werden. Das brachte den listigen Bürgermeister Verder auf die Idee, Arbeitslose den ganzen Tag per Bahn von Vleuten nach Utrecht und zurück reisen zu lassen, um die Fahrgastzahlen zu erhöhen, und dadurch eine Stilllegung zu vermeiden

Erst im Jahr 2007 wurde der Bahnhof geschlossen, aber nur deshalb, weil an zusätzlichen, in Hochlage angelegten Gleisen eine neue, moderne Station angelegt wurde.

Den Haag Centraal und das Sjoelbak

Der 1973 eröffnete Bahnhof Den Haag Centraal ist ein nüchterner Betonklotz mit öden Fensterbändern und gilt als einer der hässlichsten Bahnhöfe des Landes. Weil er ein Kopfbahnhof ist, der einzig größere des Landes (der zweite Bahnhof von Den Haag, Hollandspoor, ist ein Durchgangsbahnhof), hat er den Spitznamen *Sjoelbak*. Sjoelen ist ein holländisches Spiel, bei dem Holzscheiben in vier Löcher manövriert werden müssen. Die stumpf endenden Gleise erinnern die Holländer an das hölzerne Sjoelbak (Sjoelfach) des Spiels.

Bodegraven und die Ansage

Die an der Strecke Leiden-Utrecht gelegene Station Bodegraven (1913 erbaut) ist ein typischer zweigleisiger Durchgangsbahnhof mit einem Bahnsteig seitlich vom linken Gleis und einem zweiten am rechten Gleis. Deshalb waren die Fahrgäste umso erstaunter, als eines Tages die Durchsage kam, dass der Zug auf Gleis 3 einfahren würde.

Gouda und der Käse

Die niederländische Stadt Gouda ist für ihren Käse berühmt. Irgendwie erinnern die Rundungen des Bahnhofstonnendaches ebenfalls an Käslaibe. Unter mehreren der Rundbögen sind Skulpturen zu sehen, darunter jedoch keine bahnbezogenen. Eine zeigt stattdessen die Verkehrsmittel Pferdefuhrwerk und Schiff, aber auch einen Mann, der einen Käslaib im Arm trägt.

Bahnhof Gouda

Zaandam und das seltsame Hotel

Zaandam gehört zur Agglomeration Amsterdam und war bereits in vielen Dingen Trendsetter. Zaanstrek, das Zaanflussgebiet um die Stadt, war eines der am frühesten industrialisierten Gebiete Europas. Tausende Windmühlen versorgten das für Amsterdam produzierende Gewerbe mit Energie. Der russische Zar Peter der Große studierte in Zaandam die Schiffbaukunst. 1971 eröffnete in Zaandam der erste McDonalds Europas. Heute zeigt Zaandam am Bahnhof, dass es zur architektonischen Avantgarde gehört. Die regionaltypische Architektur mit grün gestrichenen Holzfassaden wird hier in einem Hotelbau persifliert, der die traditionellen Häuschen scheinbar aufeinanderstapelt. Auch das Bahnhofsgebäude selbst ist in einem mit der Umgebung kongruenten Spielzeugstil verwirklicht.

❖ **Delft und die Kacheln**

Die Stadt Delft ist für ihre Keramikprodukte, so auch für die Delfter Fliesen (Kacheln). Angefangen hatte es damit dass die Ostindiengesellschaft VOC (Verenigde Ost-Indische Companie) Anfang des 17. Jahrhunderts große Mengen chinesischen Porzellans in die Niederlande brachte. Dort machten sich bald viele daran, das Porzellan zu imitieren. Da Kaolin fehlte, war es kein richtiges Porzellan, aber das *Delfts aardewerk* kam dem schon sehr nahe. Im Laufe des 17. Jahrhunderts stellten immer mehr Brennereien auf dessen Produktion um. Anfang des 18. Jahrhunderts gelang schließlich in Sachsen (Meißen) die Produktion von echtem Porzellan. Aus England kam zudem Mitte des 18. Jahrhunderts billigere und robustere Creamware. So ging es mit der Produktion bald bergab und heute gibt es nur noch einen Porzellanhersteller in der Stadt.
Noch heute wird Delft jedoch mit blau-weißen Kacheln assoziiert. Bis 2015 legte man die durch die Stadt führende Bahntrasse in einen Tunnel, ein neues modernes Empfangsgebäude wurde errichtet. Bei der Gestaltung von Wandelementen im Innenbereich griff das Architekturbüro Mecanoo wieder auf das Fliesenmotiv und das Delfter Blau zurück. Die Stationsdecke zeigt einen alten Plan der Stadt. Als die Station eröffnet wurde, war an der Fassade das Mädchen mit dem Perlenohrring, ein berühmtes Bild des Delfter Malers Jan Vermeer in blauer Kachelrasterung zu sehen.

❖ **Der Gletscher von Arnheim**

Ebenfalls im Jahr 2015 wurde in Arnheim ein noch kühnerer und und eleganterer Bahnhof eröffnet. Entworfen hat ihn das Büro Ben van Berkel und er sammelte seither bereits einige Architekturpreise, so den Nationalen Betonpreis, ein. Der Volksmund nennt den Bahnhof Gletscher bzw. Walfisch. Ein Regionaldirektor meinte, er gliche einem Mammuttanker, der auf dem Rücken liegt.

2.2 Die übrigen Niederlande

S-Hertogenbosch

Einen ähnlich prächtigen Bahnhof wie Amsterdam hatte einst `S-Hertogenbosch. Kein Wunder, der Architekt Cuypers zeichnete für beide Empfangsgebäude verantwortlich. Doch im Zweiten Weltkrieg wurde der Bahnhof so stark zerstört, dass er in moderner Form wieder aufgebaut wurde. Nur zwei historische, 450 m lange Bahnsteigdächer blieben vom Vorkriegsbahnhof erhalten. Sie zeugen von einem der größten Bahnarchitekturverluste des Krieges.

Station S-Hertogenbosch

Valkenburg - der älteste

Das am 23. Oktober 1853 eröffnete Empfangsgebäude von Valkenburg ist das älteste noch in Betrieb befindliche Bahnhofsgebäude der Niederlande. Architektonisches Vorbild war das Palais des niederländischen Königs Willem II in Tilburg. Der Bahnhof wurde aus Mergelgestein gebaut, welcher in der Gegend häufig vorkommt (die Mergelgrotten von Valkenburg sind heute eine Touristenattraktion).
☞ Früher verbesserte man den sauren Boden von trockengelegten Sumpfgebieten mit Mergelzugaben. Da Mergel kein Dünger ist, aber mit einem solchen zunächst verwechselt wurde, laugten die Felder bei fehlender Zugabe richtigen Düngers bald aus, was zum Begriff des ‚Ausmergelns` geführt hat.

Hulshorst

Als im Jahre 1863 eine Eisenbahnlinie von Utrecht nach Zwolle angelegt wurde, gaben örtliche Grundbesitzer im Raum Hulshorst ihr Land nur unter der Bedingung ab, dass die Züge immer dort halten sollten. Heute würden sich diese Eigentümer wohl im Grabe herumdrehen, denn entgegen der Absprache hält seit 1987 kein Zug mehr im Bahnhof von Hulshorst (der zugehörige Ort heißt heute Hulsthorst).

Wegen ihrer ortsfernen Lage in einem Waldgebiet war das Verkehrsaufkommen der Station denn auch immer bescheiden geblieben. Der bedeutende niederländische Poet Gerrit Achterberg (1905-1962) stieg hier aus, wenn er seine Geliebte besuchte. In einem Gedicht, welches heute an der Fassade des mittlerweile als Wohngebäude genutzten Empfangsgebäudes hängt, schrieb er zur Station Hulshorst:

‚*Wo die nach Norden fahrende Eisenbahn mit einem erbärmlichen Knarren zum Halten kommt, steigt niemand ein und niemand aus.*'

(‚*Waar de spoortrein naar het noorden met een godverlaten knars stilhoudt, niemand uitlaat, niemand inlaat.*')

Lelystad Bahnhof

Mit der Eindeichung der ehemaligen Zuidersee entstand Flevoland als 12. niederländische Provinz. 1986 wurde Lelystad zur Hauptstadt der neuen Provinz (benannt nach Minister Cornelis Lely, der die Eindeichung der Zuiderzee propagiert hatte). 1988 wurde der moderne Bahnhof Lelystad Centrum eröffnet, dessen Gleise Lelystad mit Amsterdam verbinden Der Bahnhof hatte einen von einer Glashalle überdachten Inselbahnsteig mit zwei Gleisen. Außerhalb der Halle war Platz für einen weiteren Bahnsteig mit zwei Gleisen. Entsprechende Bahnviadukte lagen bereits. Man wollte hier die Möglichkeit einer späteren Verlängerung der Bahnlinie nach Norden Richtung Groningen schaffen. Doch diese Verlängerung wurde erst im Dezember 2012 als Teil der Hanselinie nach Zwolle verwirklicht. Die mittlerweile für den Fahrradverkehr genutzte Eisenbahnviadukte mussten wieder für dern Bahnverkehr hergerichtet werden.

Groningens Flügelradkathedrale

Das 1896 vom Amsterdamer Architekten Isaac Gosschalk erbaute Empfangsgebäude von Groningen gehört zu den schönsten Bahnhofsgebäuden der Niederlande. Als man den Bahnhof im Jahre 1999 restaurierte, wurde die in den 1960er Jahren in die Bahnhofshalle eingehängte Zwischendecke entfernt. Zum Vorschein kam wieder die prächtige Hallendecke des Originals mit ihrer runden Lichtkuppel.
Wegen der feierlichen Architektur und dem Flügelrad auf dem Giebel hat der Groninger Bahnhof in den Niederlanden auch den Beinamen ‚Kathedrale des Flügelrades' (*Kathedraal van het gevleugelde wiel*). Auf dem Bahnhofsplatz eine weitere Besonderheit: eine weiße Pferdeplastik des Bildhauers Jan de Baat. Das ‚*Peerd van Ome Loeks*', das Pferd von Onkel Lukas, ist eine Figur eines Studentenliedes und gilt als Symbol Groningens.

Nimwegen (Nijmegen)

Außer im Großraum Rotterdam wurden im Zweiten Weltkrieg nur wenige niederländische Bahnhöfe zerstört.
Eine Ausnahme ist Nimwegen. Im Februar 1944 waren britische und amerikanische Bomber mit Ziel Deutschland unterwegs. Doch schlechtes Wetter zwang sie, umzukehren. Als sie sich über dem niederrheinischen Goch wähnten, ließen sie ihre Bombenlast fallen. Doch unter ihnen lag das Bahnhofsviertel von Nimwegen. Die Bomben zerstörten den Bahnhof und kosteten 600 Menschen das Leben.

Tilburgs Kroepoekdak

Tilburgs Bahnhof wurde im Zweiten Weltkrieg zerstört. An die Gefallenen des Krieges erinnert ein markanter Uhrturm am Bahnhof, den der Tilburger Volksmund wegen seiner Anmutung ‚Wäscheklammer' (*Wasknijper*) nennt. Auch das markante zickzackförmige Dach des 1957 entworfenen und 1965 eröffneten Bahnhofsgebäudes kam zu einem Spitznamen. Es wird von den Tilburgern nach den indonesischen Krabbenchips, die in Holland Kroepoek heißen, *Kroepoekdak* genannt.

Bredas Visitenkarte

Die in der Provinz Brabant im Süden des Landes gelegene Stadt Breda war wegen ihrer Grenznähe lange Festungsstadt. Die Statuten einer Festungsstadt verlangten zu Frühzeiten des Eisenbahnzeitalters Bahnhofsgebäude, die im Kriegsfalle schnell abgebaut werden konnten. Deshalb wurde in Breda 1855 ein bescheidener Holzbahnhof gebaut. Auch ein 1863 neu errichtetes Gebäude war aus Holz. Der bescheidene Bahnhof wurde ironisch ‚*Visitenkarte Bredas*' genannt. Als die Königin Wilhelmina im Jahre 1894 Breda einen Besuch abstattete, war den Bürgern der Holzbahnhof so peinlich, dass man dem Bahnhof schnell eine steinerne Wand vorsetzte. Doch die Bredaer mussten schließlich noch bis 1968 warten, bis das alte Empfangsgebäude moderner Architektur Platz machte.

★ Eindhoven - der Bahnhof als Radio

Eindhoven wird auch Lichtstadt genannt, denn 1891 gründete Gerhard Philips hier eine Glühlampenfabrik aus der sich in den folgenden Jahrzehnten der Technologie-Weltkonzern Philips entwickelte. Großen Anteil daran hatte das kaufmännische Geschick von Gerhards Bruder Anton Philips (1874-1951). Er wurde in einer Fernsehabstimmung im Jahre 2004 zu einem der größten Niederländer gewählt.

Vor dem Bahnhof Eindhoven steht eine Bronzestatue dieses Pioniers. Der Technologiestadt Eindhoven (neben Philips gab es hier den Autoproduzenten DAF) musste im Zweiten Weltkrieg für die deutsche Kriegsmaschinerie produzieren (immerhin gelang es Philips so, hunderte Juden zu retten, die als für die Produktion unentbehrlich deklariert wurden) und wurde deshalb von den Alliierten in Grund und Boden bombardiert. Nach dem Krieg musste auch das Bahnhofsgebäude neu errichtet werden. Als Hommage an die wichtigste Firma der Stadt wurde die Fassade des Empfangsgebäudes im Design eines Philips-Radios der 1950er Jahre gestaltet. Die Bahnhofsuhr muss man sich als Einstellknopf, den Bahnhofsturm als Antenne und die Balkonfassade als Resonanzkörper denken.

Eindhovens Bahnhof

Boxtel

Boxtel ist eine kleine Bahnstation im Süden der Niederlande. Als die Zahl der Gleise der Strecke nach Eindhoven von zwei auf vier verdoppelt wurde, wurde das alte Bahnhofsgebäude abgerissen und durch einen kleineren modernen Bau ersetzt. Mancher Fahrgast vermisste bereits im alten Empfangsgebäude Dienstleistungen. Folgende Anekdote ist dazu überliefert. Ein Kunde kommt an den Fahrkartenschalter und sagt ‚Einen Kaffee bitte'. Darauf der Bahnmitarbeiter: ‚Also Kaffee bekommen sie bei mir nicht, den gibt's nur am Automaten'. Der Kunde überlegt kurz und antwortet dann ‚Also, wenn das so ist, dann nehme ich Tee'.

Leerdam- Cees Doumas letzte Station

Reist man durch die Niederlande, hat man das Gefühl in kleineren Städten immer wieder ähnliche Bahnhöfe zu sehen. Dazu beigetragen hat der niederländische Bahnangestellte und Architekt Cees Douma (*1933), der 39 niederländische Bahnstationen entworfen hat, darunter den so genannten *Sextanten*. Von diesem Bahnhofstypen wurden 16 Stationen gebaut. Allerdings bleiben durch Umbau und Abriss immer weniger übrig. 1987 entwarf Douma seine letzte Station, den Bahnhof von Leerdam. 1995 ging er in Ruhestand.

Echt-Susteren und die Grenze

Der Bahnhof des Ortsteils Susteren der niederländischen Stadt Echt liegt so nahe an der deutschen Grenze, dass man bequem zu Fuß ins Land der Dichter und Denker gehen kann. Das lohnt sich auch deshalb, weil man so an den westlichsten Punkt Deutschlands gelangt, den man zudem von deutscher Seite nicht per Bahn erreichen kann Wenige wissen, dass dieser zum Selfkant gehörende westlichste Landeszipfel, nach dem 2. Weltkrieg niederländisch besetzt war und erst 1963 nach Deutschland zurück kam. Das niederländische Territorium ist hier schmal wie ein Flaschenhals und gern hätten die Niederländer hier ein bisschen arrondiert.

☞ 1999 wurde übrigens der *Zipfelbund* ins Leben gerufen. Dieser hat vier Mitglieder: List auf Sylt, die nördlichste deutsche Gemeinde, Görlitz die östlichste, Oberstdorf die südlichste und eben Selfkant als die westlichste.

2.3 Belgien

Antwerpen - die Eisenbahn-Kathedrale

Ende des 19. Jahrhunderts spülte der Rohstoffreichtum Belgisch-Kongos, dessen Einwohner brutal ausgebeutet wurden, viel Geld in die Kassen des belgischen Königs Leopold II. In Brüssel ließ er Prachtstraßen und Triumphbögen errichten, in Antwerpen setzte er sich mit einem pompösen Kopfbahnhof ein Denkmal. Er empfahl seinem Architekten als Vorbild den Luzerner Hauptbahnhof, dessen dramatisch hohe Kuppel ihn beeindruckte. Ein weiteres Vorbild für den 1905 eröffneten Bahnhof war das Pantheon in Rom. Wegen seiner Architektur und Atmosphäre bekam er den Beinamen 'Eisenbahn-Kathedrale'. Der britische Schriftsteller G.K. Chesterton schrieb einst über die Ähnlichkeit von Bahnhöfen und Kirchengebäuden: *"You will find in a railway station much of the quietude and consolation of a cathedral. It has many of the characteristics of a grand ecclesiastical building; it has vast arches, void spaces, coloured lights, and above all, it has recurrence of ritual. It is dedicated to the celebration of water and fire, the two prime elements of human ceremonial."* Bei der Eröffnung des Bahnhofs im Jahr 1905 war König Leopold überrascht von dessen Größe und meinte ‚C'est une petite belle gare' („Das ist aber ein schöner kleiner Bahnhof").

Später diente der eindrucksvolle Bahnhof als Kulisse etlicher Filme, teilweise den Bahnhof von Brüssel darstellend, was Schauspieler wie Yves Montand, Michel Piccoli und Charlotte Rampling in die Station brachte.

Antwerpen und der Umbau

Der Antwerpener Bahnhof wurde im Zweiten Weltkrieg nicht zerstört, doch in den 1950er Jahren begann der kalkhaltige Vinalmontstein der Bahnhofskuppel porös zu werden. 1953 fielen erste Steine von der Krone der Kuppel auf das Bahnhofsdach. 1957 erhielt ein Fahrgast einen Schädelbruch, als er von einem fallenden Stein getroffen wurde. Herausragende Steine wurden noch mal verankert und die Kuppelsteine mit einem Bindemittel verfugt. Trotzdem gab es in den 1960er Jahren Pläne für einen Abriss des Bahnhofs. In den 1970er Jahren gab es jedoch ein Umdenken und 1975 wurde der Bahnhof unter Denkmalschutz gestellt. 1993 begannen dann die erneute Sanierung und der Umbau zu einer Durchgangsstation mit unterirdischen Gleisen. Seit 2007 müssen Züge im Bahnhof nicht mehr Kopfmachen. Im September 2009 wurde der neue Bahnhof dann offiziell eröffnet. Der neue Bahnhof hat 4 Ebenen, die durch 48 Rolltreppen und 40 Aufzüge miteinander verbunden werden. Die Sicherheit hat man bei alledem sehr ernst genommen, 275 Brandmelder und 23 Wasserpumpen gibt es im Bahnhof. Im öffentlichen Bereich des Bahnhofs gibt es 199 Überwachungskameras, in den Tunneln 90 weitere. Ob dies auch geholfen hat, einen Kakadu einzufangen, der im August 2009 dem nahen Zoo von Antwerpen entflohen war? Der Kakadu ließ sich in der Eisenkonstruktion der Bahnsteighallendächer nieder und konnte erst wieder mit Futter in einen Vogelkäfig gelockt werden.

Außenansicht von Antwerpen CS

Brüssel-Central/Centraal – alle Neune

Bereits vor dem Kriege gab es Pläne, die beiden Kopfbahnhöfe Brüssels, Nord- und Südbahnhof also, durch einen Tunnel zu verbinden und in der Mitte einen Zentralbahnhof zu schaffen. Der Jugendstilarchitekt Victor Horta wurde mit dem Entwurf eines Bahnhofsgebäudes beauftragt. Doch durch den Zweiten Weltkrieg verzögerte sich das Projekt und der Bahnhof wurde erst 1949 und damit nach dem Tode Hortas fertig gestellt. Er ist heute mit 140 000 Reisenden pro Tag (73 000 Einsteiger) vor Brüssel Süd (45 000 Einsteiger) und Gent (44 000) der meistfrequentierte Bahnhof Belgiens. Da er nur 3 Bahnsteige hat und der Verkehr wächst, wurden diese verlängert, mehr Rolltreppen und Ausgänge geschaffen, um die gewaltigen Personenströme noch bewältigen zu können. Der Eingangsbereich weist 9 vertikale Fensterbänder mit Flaggenständern auf, die für die damals 9 belgischen Provinzen stehen (mit der Teilung Brabants in einen wallonischen und einen flämischen Teil sind es heute jedoch 10). Zur Weltausstellung 1958 (das damals errichtete Atomium mit seinen 9 Eisenatomen symbolisiert ebenfalls die 9 Provinzen) wurde der Zentralbahnhof mit dem Flughafen verbunden und man konnte sogar am Sabena-Terminal im Bahnhof direkt einchecken.

☞ Manche deutsche Touristen meinen *Bruxelles Midi* (der Südbahnhof) wäre der Zentralbahnhof. Sie mißverstehen Midi als Mitte, dabei steht es für Mittag, bzw. Süden.

Bruxelles Central

Brüssel-Luxembourg

Der Bahnhof Brüssel-Luxembourg liegt so nahe am Brüsseler Standort des Europaparlaments, dass die Gleise überdeckelt wurden, um eine oberirdische Zugangsebene zum Parlament zu schaffen. Von diesem Bahnhof fahren Züge über Luxemburg, wo das Sekretariat des Parlaments sitzt, bis Straßburg, dem Hauptsitzungsort des Parlaments. Das ehemalige Empfangsgebäude des Bahnhofs dient mittlerweile als Informationszentrum des Parlaments. Als Ersatz für das alte Empfangsgebäude wurde ein neuer Zugang geschaffen. Dieser wurde Anfang 2009 eingeweiht.

An der Wand des Zugangs findet sich eine Reproduktion einer Zeichnung, die der belgische Comicautor Georges Prosper Remi (1907-1983), der als Hergé weltberühmt wurde, einst für eine Werbekampagne des Kaufhauses *Innovation* angefertigt hatte.

An der Comic-Zeichnung sind Informationstafeln in vier Sprachen angebracht. Die deutsche Version informiert folgendermaßen unter der Überschrift *Hergé fährt in den Bahnhof Brüssel-Luxembourg ein*:

‚*Im Oktober 1932 inszenierte Hergé, der berühmte Erschaffer der Abenteuer von Tim und Struppi das gutmütige Volk von Brüssel in einer lustigen und köstlichen Darstellung...Ruhmreiche Jahre, Triumph der belgischen Eisenbahn und einer Architektur, die den Stahl verherrlicht- die in ihrer Bildentwicklung bemerkenswerte Szene liefert uns ein wertvolles Zeugnis einer nicht allzu entfernten, jedoch durch ihre Kleidung, ihre Uniformen und merkwürdigen Maschinen so andersartigen Epoche.*'

Neben dem Bild die Signatur Hergés. Ein solches ‚Tag' wird auch von Graffiteuren respektiert. Hergé wurde in Etterbeek geboren, einer Gemeinde, die an den Luxemburg-Bahnhof anschließt (die relativ eng abgegrenzte Region Brüssel besteht aus 19 Gemeinden). Nächste Station Richtung Luxemburg ist deshalb der Bahnhof Etterbeek.

Brüssel-Flughafenbahnhof

Weil er nahe an der Fernstrecke Brüssel-Lüttich lag und wegen der für 1958 vorgesehenen Weltausstellung war Brüssel der erste Flughafen weltweit mit direktem Eisenbahnanschluss. Bereits im Mai 1955 eröffnete der damals junge König Baudouin den Flughafenbahnhof. Vom Flughafen gab es zudem einen Hubschrauber-Shuttle-Service in die Stadt. Ursprünglich fuhren die Züge zum Flughafen vom Zentralbahnhof von einem speziellen Gleis ab. Später wurden die Züge jedoch zum Südbahnhof durchgebunden, wo seit den 1990er Jahren Hochgeschwindigkeitszüge nach London und Paris abfuhren. Als Ende 1994 ein neues Terminal eröffnet wurde, musste die Flughafenstrecke verlängert und der Flughafenbahnhof neu gebaut werden.

Im Dezember 2005 wurde eine Verbindungsschleife zur Bahnstrecke Richtung Lüttich gebaut, seither kann man von Löwen mit der Bahn direkt zum Flughafen fahren. Im Juni 2012 kam der Anschluss an die Strecke nach Antwerpen hinzu. Dieses Projekt war Diabolo genannt worden, weil der Flughafen dadurch wie das Jongliergerät Diabolo am Ende eines Dreiecks an einer Schienenschnur hängt.

☞ Der Flughafen im Brüsseler Vorort Zaventem hieß vor wenigen Jahren noch Brussel Nationaal/Bruxelles-National, was manche verwirrte, denn es war ja ein internationaler Flughafen. Für den Standort Zaventem sind die Deutschen verantwortlich, die dort im Zweiten Weltkrieg als Besatzer die ersten Runways anlegten (im 1. Weltkrieg wurde der erste Zeppelinplatz bei Haren, heute Nato-Hauptquartier, ebenfalls von den Deutschen angelegt). Noch heute wird als Witz erzählt, wie es angeblich zu diesem Standort kam. Als die Deutschen die Einheimischen fragten, welches ein guter Standort wäre, einen Flughafen anzulegen, zeigten diese Richtung Zaventem, weil es dort oft neblig war.

Brüssels Jazz Station

Im Brüsseler Stadtteil Saint-Josse-ten-Noode gibt es einen Jazzclub namens *Jazz Station*. Der Name ist nicht weit hergeholt, denn die Lokalität nutzt das Empfangsgebäude eines 1885 errichteten, heute stillgelegten Bahnhofs. Unter der Jazz Station fahren weiterhin Züge durch (sie verbinden das Europaviertel mit dem Nordbahnhof). Treppen führen noch zu den Gleisen hinunter, aber Einsteigen kann man auf den grasüberwucherten Bahnsteigresten nicht mehr.

Brüssel ehemaliger Bahnhof Saint Josse (Heute Jazz Station)

Brüssel-Watermael und Paul Delvaux

Belgien hat mehrere bedeutende surrealistische Maler hervorgebracht, darunter René Magritte und Paul Delvaux (1897-1994). Typische Bilder von Delvaux zeigen im Vordergrund blasse, unbekleidete Frauen. Den Hintergrund bilden realistisch gemalte Landschaften, oft auch Eisenbahnszenerien. Auf etlichen Bildern taucht auch der Bahnhof der Brüsseler Gemeinde Watermael auf, denn Delvaux lebte lange Zeit unweit des Bahnhofs und nutzte diesen für

Bahnfahrten ins Zentrum. Vor ein paar Jahren hat sich ein belgischer Künstler im Bahnhof eingemietet.

❖ Brüssel Schaerbeek und die Herberge

Das im flämischen Neorenaissance-Stil 1913 erbaute Empfangsgebäude des Bahnhofs der Brüsseler Gemeinde Schaerbeek wird zurzeit zu einem Eisenbahnmuseum (Train World) umgebaut. Ursprünglich sollte das Museum im Jahr 2010 zum 175. Geburtstag der Eisenbahn in Belgien eröffnet worden. Mittlerweile peilt man Ende 2014 an.

☞ Unweit des Bahnhofs ist eine Herberge im Bau, die typisch belgisch-skurril ist und den Geschmack von Eisenbahnliebhabern treffen dürfte. Auf das Dach des *Trainhostel* platzierte man im Oktober 2013 einen Eisenbahnschlafwagen. Nach Eröffnung (2. Halbjahr 2014) kann man in einem Schlafwagenabteil mit Blick über die Dächer Brüssels übernachten.

Schaerbeek- der Schlafwagen auf dem Herbergsdach

Mechelen und die Milliaire-Säule

Am 5. Mai 1835 (also noch ein halbes Jahr vor der Eröffnung Nürnberg-Fürth) fuhr in Mechelen der erste öffentliche Eisenbahnzug des europäischen Festlandes ein. Einen richtigen Bahnhof gab es damals in der Stadt noch nicht. Doch wurde in Mechelen damals schon ein Nullstein, von welchem die Entfernungen im belgischen Eisenbahnnetz gemessen wurden, gesetzt. Eigentlich sollte ein solcher Messpunkt immer am selben Platz bleiben, doch die als Nullpunkt dienende runde Säule wurde im Laufe der Zeit immer wieder versetzt. Zum Beispiel als das schöne Bahnhofsgebäude aus dem Jahre 1888 mit seinen imposanten Bahnsteighallen 1958-1960, abgerissen wurde und durch einen unsäglich gesichtslosen Neubau ersetzt wurde. Die Brüsseler Weltausstellung des Jahres 1958 hatte zu einem Modernisierungsdenken geführt und die Abrisspläne inspiriert. Heute sitzt die im Französischen Milliaire genannte Meilensäule bereits an ihrem 7. Platz - mitten in einem Verkehrskreisel vor dem Bahnhof. Der erste Standpunkt von 1835 ist durch eine runde Bodenplatte in der Schalterhalle des Bahnhofs gekennzeichnet.

Milliaire Säule

Mechelen-Nekkerspoel

Im Jahre 1997 wurde das Empfangsgebäudes des Bahnhofs Mechelen-Nekkerspoel an eine Medienfirma verkauft. Diese schmückte daraufhin den 1903 errichteten Backsteinbau mit dem Plakat ‚*Ceci n'est pas une gare*' (dies ist kein Bahnhof). Inspiriert war diese Inschrift durch ein Bild des belgischen Surrealisten René Magritte (1898-1962) das eine Tabakpfeife zeigt und die Aufschrift trägt ‚Ceci n'est pas une pipe' (dies ist keine Pfeife). 2009 kaufte die Bahn das Empfangsgebäude allerdings zurück. Jetzt müsste es eigentlich heißen ‚*Ceci n'est pas un bureau*'.

Halle (Flandern

Im Jahre 1995 musste der im neo-flämischen Renaissancestil erbaute Backsteinbahnhof der südlich von Brüssel gelegenen Stadt Halle einer Schnellfahrstrecke weichen. Das Gebäude sollte behutsam abgetragen, an anderer Stelle wiederaufgebaut und einer kulturellen Nutzung zugeführt werden. Doch fanden besorgte Bürger später heraus, dass die Gebäudeteile, statt sorgfältig zu lagern, achtlos auf eine Wiese am Rande einer Müllhalde gekippt worden waren.

Verviers

Der monumentale Bahnhof von Verviers wurde wegen kriegsbedingten Verzögerungen erst 1930 fertiggestellt, deshalb war die Architektur zur Eröffnung nicht mehr ganz zeitgemäß. An der Wand der Fahrkartenhalle hat der Bildhauer Joseph Gérard (1873-1946) unter anderem die Lafontaine-Fabel vom Hasen und der Schildkröte, als Allegorie des Reisens in einer Wandplastik umgesetzt.

☞ Eine Massenpanikszene im Katastrophenfilm ‚Die Wolke' (2006) konnte wegen fehlender Drehgenehmigung der DB nicht im Romanschauplatz Bahnhof Bad Hersfeld oder einer anderen DB-Station gedreht werden. Man wich deshalb auf die Bahnstation Verviers aus.

★ **Der umgedrehte Bahnhof von Ronse**

Im Jahre 1844 wurde in der flämischen Stadt Brügge eines der ersten Bahnhofsgebäude des europäischen Kontinents eröffnet. Doch der Bahnhof lag zu nahe an der Innenstadt und bereits drei Jahrzehnte später litt er sehr an Platzmangel. Deshalb beschloss man, weiter draußen eine neue Station zu errichten. In der an der Sprachgrenze gelegenen Stadt Ronse (französisch Renaix) wollte man ebenfalls einen neuen Bahnhof, denn dort gab es bisher erst eine bescheidene Stationshütte. So beschloss man in Ronse, den zum Abriss bestimmten Bahnhof von Brügge Stein für Stein abzutragen und in Ronse wieder aufzubauen. Als man das Empfangsgebäude 1881 eröffnete, bemerkte man jedoch, dass man den Bahnhof falsch herum aufgebaut hatte. Schlimm war das nicht, denn die Gleisseite ist mit der Stadtseite fast identisch.

Bahnhof Ronse

Der schiefe Turm von Gent

Im Jahre 1913 fand in Gent eine Weltausstellung statt und zu diesem Anlass wurde im Stadtteil St. Pieters ein Bahnhof in seltsamem Phantasiestil erbaut. Der schlanke Uhrturm des Bahnhofs geriet über die Jahre jedoch immer mehr in Schieflage 2006 wurde der `Schiefe Turm von Gent´ (30 cm Neigung) aus Sicherheitsgründen schließlich abgetragen und mit stabilem Betonkern, von Originalziegeln ummantelt, wieder aufgebaut.

Gent St. Pieters und der einst schiefe Bahnhofsturm

Lüttich, der Bahnhof in Anführungszeichen

Lüttich (Liège) war eine der ersten Städte auf dem Kontinent mit einem Bahnhof. Bereits 1842 wurde hier das erste Empfangsgebäude eingeweiht. Zur Expo im Jahre 1958 wurde das Gebäude durch einen modernen Bau im Fünfzigerjahre-Stil ersetzt. Dieses Bauwerk alterte nicht mit Würde und sah bereits in den 1980ern ziemlich abgewirtschaftet aus. So beschloss man in den 1990ern, im Zuge der Schnellfahrstrecke Brüssel-Köln den Bahnhof durch einen unweit vom alten Standort zu errichtenden Neubau zu ersetzen. Der spanische Architekt Santiago Calatrava gewann die Ausschreibung mit einem kühnen Entwurf, der ein riesiges Bahnhofsdach (200 m lang, 35 m hoch) vorsah. Im Jahr 2000 wurde mit dem Bau begonnen. Doch erst am 18. September 2009, fast 10 Jahre später, konnte er eingeweiht werden. Während der langen Bauzeit nannte die Bevölkerung den offiziell als Liège-Guillemins firmierenden Bahnhof (es gibt Vorschläge, ihn umzubenennen, so z.B. In Liège Europe oder Liège Charlemagne) spöttisch *Liège-Guillemets* (‚Liège in Anführungszeichen').

Lüttich-Guillemins

❖ Mons-Snow

Der Bau des spektakulären Calatrava-Bahnhofs in Lüttich (Liège-Guillemins), welcher im September 2009 fertig gestellt wurde, brachte die Stadtväter von Mons auf die Idee, ihren wenig repräsentativen 1950er Jahre Bahnhof ebenfalls durch einen spektakulären Neubau zu ersetzen. Wieder gewann der spanische Architekt Calatrava, und wie in Lüttich erstrahlt der geplante Bahnhof in Weiß. Im Sommer 2013 wurde der alte Bahnhof abgerissen. Auf den Bahnsteigen sah man zu dieser Zeit auf dem Kopf stehende abgehängte Stationsschilder. Statt MONS konnte man nun SNOW lesen, was fast wie ein Hinweis erschien auf den künftigen schneeweissen Bahnhof.

Binche und die Fahrkartenausgabe

Die wallonische Stadt Binche hat einen schönen Bahnhof, der 1905-1910 im Stil Brabanter Neogotik errichtet wurde. Binche gilt als Karnevalshochburg. Die historische Karnevalsparade mit ihren Orangen werfenden straußenfedergeschmückten ‚Gilles', gilt als Teil des UNESCO-Weltkulturerbes. Aber nicht nur den Karneval hat Binche mit dem Rheinland gemein. Über dem Fahrkartenschalter des Bahnhofs, welcher im französischsprachigen Teil Belgiens liegt, steht auf Deutsch ‚*Fahrkartenausgabe*'. Keiner weiß heute mehr, wieso.

Bahnhof Binche

Charleroi Sud und die Melodie

Die Stadt Charleroi hat in Belgien nicht den besten Ruf. Sie gilt als verschmutzte Schwerindustriestadt und Hort des Verbrechens, von korrupten Politikern verwaltet. Ihre Beiname deshalb ‚*Chicago an der Sambre*'.

Als verkehrliche Fehlplanung kann der Bau einer unterirdischen Stadtbahn (Métro Léger de Charleroi) gelten, der 1996 steckenblieb und dessen überdimensionierte U-Bahnhöfe kaum ausgelastet sind. Ganze Streckenäste wurden nie eröffnet und rotten vor sich hin.

Trotzdem bewahrt man sich in der Stadt einen gewissen Heimatstolz. Auf den Bahnsteigen gehen den Durchsagen

die ersten Noten der volkstümlichen Hymne *Pays de Charleroi* (Charleroier Land) voraus.
Dieses Lied hat folgenden Refrain:
Pays de Charleroi, C'est toi que je préfère
Le plus beau coin de terre
(Charleroier Land, du bist die Region, die ich bevorzuge, die schönste Ecke der Welt).
Der Rest Belgiens kommentiert dies mit Kopfschütteln.

❖ Marbehan und Maurice Grevisse

Belgische Schüler, die mit dem Zug von Marbehan in den Ardennen ins südbelgische Arlon pendeln, werden im Bahnhof an die Regeln der französische Grammatik erinnert. Denn aus dem Fenster des Bahnhofs von Marbehan schaut ein Portrait des belgischen Grammatikers Maurice Grevisse (1895-1980), der in Rulles unweit von Marbehan geboren wurde. Grevisse hatte einst *Le bon usage*, ein Grammatikbuch zur französischen Sprache so sehr zum angesehenen Standardwerk gemacht, dass es nur noch *Le Grevisse* genannt wurde. In Ermangelung eines berühmten Bewohners verweist man in Marbehan eben auf den bekannten Grammatiker aus dem Nachbarort.

3. Frankreich
3.1 Paris und Nordfrankreich

Paris Gare du Nord

Der Pariser Nordbahnhof gilt mit 500 000 Fahrgästen pro Tag (einschließlich der im Tunnel verlaufenden S-Bahn) als größter Bahnhof Europas. Doch das war nicht immer so. Der erste, 1846 eröffnete Nordbahnhof war noch relativ klein und stieß angesichts des wachsenden Verkehrs nach Holland und Belgien in wenigen Jahren an Kapazitätsgrenzen. Das sollte sich schließlich bald auf deutliche Weise zeigen. Die britische Königin Victoria war nämlich im Jahr 1855 per Bahn, Fähre und ab Lille wieder mit dem Zug unterwegs, um die in diesem Jahr in Paris stattfindende Weltausstellung zu besuchen. Am Bahnsteig des Nordbahnhofs sah ein Empfangskomitee französischer Würdenträger der Ankunft der Königin gespannt entgegen. Der Empfang sollte perfekt sein und überall im Bahnhof wurden „Welcome"-Parolen aufgehängt. Aber als der Zug in den Bahnhof einfährt, verlangsamt er plötzlich die Fahrt und hält an. Die Minuten vergehen und schließlich fährt der Zug wieder los, doch zum Entsetzen der Wartenden in die entgegengesetzte Richtung. Schließlich erklären die Eisenbahner den Sachverhalt. Es war kein Platz im Bahnhof für den königlichen Zug, der deshalb in den geräumigeren Gare de l'Est umgeleitet werden musste. Mit großer Eile wird die Empfangsdekoration abgebaut und das Empfangskomitee erreicht gerade noch den (nicht weit entfernten) Ostbahnhof, wo der Zug der Königin schon einfährt. Daraufhin wurde beschlossen, den Nordbahnhof innerhalb zweier Jahre auf das Dreifache zu vergrößern. An seiner Fassade weisen 8 Frauenstatuen auf wichtige Reiseziele im Nordosten hin: Brüssel, Amsterdam, London, Wien, Berlin, Warschau, Köln und Frankfurt sind dargestellt. Dabei fuhren von hier nie Züge nach Frankfurt oder Wien.

Lille Flandres

Als der Pariser Nordbahnhof neu und repräsentativer erbaut wurde, zerlegte man die Fassade des alten Bahnhofs, transportierte sie mit dem Zug nach Lille und baute sie dort wieder auf. Die Bürger Lilles waren anfangs von der Vorstellung, einen Pariser Bahnhof in ihrer Stadt zu recyceln, nicht besonders begeistert. Später kam noch ein weiteres Stockwerk und ein Uhrturm dazu, aber das Erdgeschoß des Bahnhofs Lille Flandres zeigt heute noch, wie der Pariser Gare du Nord vor 1860 aussah.

Mit der Eröffnung des Kanaltunnels bekam Lille einen zweiten Fernbahnhof für den Hochgeschwindigkeitsverkehr - `Lille Europe´, mit L-förmigen Bürogebäuden. Im Bahnhof geht es recht zugig zu, er hat deshalb den Spitznamen `Gare aux courants d'air´, `Bahnhof des Luftzugs´.

Paris Gare d'Austerlitz

Als Paris 1870/71 von den deutschen Truppen belagert wurde, begannen die Pariser in der hohen Halle des Bahnhofs Austerlitz in Montgolfière-Tradition Ballone zu produzieren, die Tauben, Botschaften und einen Politiker über die feindlichen Linien transportierten.

Paris Gare de Lyon

Der Gare de Lyon in Paris wurde für die Weltausstellung im Jahre 1900 gebaut. Bemerkenswert an ihm sind zwei Dinge: der Uhrturm, der an den Big Ben-Turm des Londoner Parlaments erinnert, und das prächtige Bahnhofsrestaurant *Le Train Bleu,* das einst ein Buffet für erschöpfte Reisende hatte, heute aber gehobene Gastronomie im Second Empire-Ambiente mit Stuck und fein ausgearbeiteten Deckenfresken bietet. *Train Bleu* heißt es nach den Luxuszügen, die früher von hier nach Südfrankreich abfuhren.

Paris-Saint-Lazare

Mit seinen 27 Gleisen und mehr als einer Viertelmillion Fahrgästen pro Tag ist Paris-Saint-Lazare einer der größten Bahnhöfe Frankreichs.Unter Kunstfreunden gehört er zu den berühmtesten, denn 1877 hielt der impressionistische Maler Claude Monet den Rauch seiner Dampfloks im Bild *La Gare Saint-Lazare* fest.

Im Jahr 2008 machte der Bahnhof aufgrund einer Rattenplage auf sich aufmerksam. Arbeiten an den unterirdischen Gebäudeteilen hatten die Nager ans Tageslicht getrieben.

Der Flipper im Zentrum von Paris

Im Jahre 1976 wurden die ehemaligen Markthallen von Paris abgerissen und durch ein futuristisches Einkaufszentrum mit S-Bahnhof ersetzt. Doch der neue Komplex *Chatelet les Halles* war von Anfang an umstritten. Seine Architektur harmonierte nicht gut mit der benachbarten Saint Eustache-Kirche und die Glas- und Plastikhülle alterte nicht mit Würde. Auch die Passantenführung in der Verteilerebene des unterirdischen Nahverkehrsbahnhofs war nicht optimal. Massive Säulen, die den Blick einschränken, aber statisch gar nicht notwendig sind, erschweren die Orientierung. Diese brachten der Verteilerebene auch den Spitznamen Flipper und wie eine Kugel in einem Flipperautomaten irren Fahrgäste hier hin und her. Mittlerweile haben Umbauarbeiten begonnen, die sich noch einige Jahre hinziehen werden. Denn mit 750 000 Besuchern pro Tag gehört der Verkehrsknoten zu den meistfrequentierten Bahnhöfen Frankreichs.

Deauville und das Vorbild

1931 wurde im Badeort Deauville in der Normandie ein neuer Bahnhof eröffnet, dessen Gestaltung sich an den regionalen normannischen Architekturstil anlehnte. Heute heißt der Bahnhof *Gare de Trouville-Deauville*. Seine Straßenseite weist Fachwerk und drei spitze Giebel auf. Von verschiedenen von den Franzosen zu Kolonialzeiten in Übersee gebauten Bahnhöfen wird behauptet, sie wären eine Kopie von Deauville, darunter die von *Da Lat* in Vietnam und *Pointe Noire* im Kongo. Doch besonders ähnlich sehen diese Bahnhöfe dem angeblichen Vorbild nicht.

★ Rouen und der belgische Dichter

Der am rechten Flussufer der Seine gelegene und deshalb *Rive Droite* genannte Hauptbahnhof von Rouen weist eines der schönsten Empfangsgebäude Frankreichs auf. Es wurde 1912-24 vom Architekten Adolphe Dervaux im Jugendstil erbaut und vom französischen Präsidenten 1928 eingeweiht. Noch während der Bauzeit ereignete sich im Bahnhof ein Unglück. Der belgische Dichter Emile Verhaeren (*1855) war im November 1916 auf einer Konferenz in Frankreich. Dem Wüten des Ersten Weltkriegs hatte er bisher pazifistische Gedichte entgegengesetzt. Nun versuchte er, die Freundschaft zwischen Frankreich, Belgien und Großbritannien zu stärken. Verhaeren wurde im Bahnhof von einer begeisterten Menge verabschiedet. Doch im Gedränge wurde er auf die Gleise gestoßen und ein Zug überrollte ihn. Die französische Regierung wollte ihn mit einem Grab im Pariser Pantheon ehren, doch seine Familie bestand auf eine Beerdigung auf einem belgischen Militärfriedhof.

Cherbourgs großer Bahnhof

Als Cherbourgs Gare Maritime im Jahre 1933 nach fünf Jahren Bauzeit im Art Deco-Stil eröffnet wurde, war das Gebäude das zweitgrößte Frankreichs nach dem Schloss von Versailles. Die Bahnhofshalle ist 240 Meter lang, der Bahnhofskomplex 93 Meter breit. Damit bedeckte der Bahnhof eine Fläche von mehr als 2 Hektar. Der Uhrturm des Bahnhofs war 67 Meter hoch und hatte auch eine nautische Funktion. Cherbourg am Nordende der Normandie-Halbinsel Contentin gelegen, war damals ein bedeutender Überseehafen, auch für den Personenverkehr. Der Bahnhof wurde so großzügig dimensioniert, damit auf der einen Seite Ozeanriesen anlegen und auf der anderen Seite Personenzüge von Paris St. Lazare ankommen konnten. Im Zweiten Weltkrieg brachte der Militärverkehr eine intensive Nutzung der Bahnhofsanlagen mit sich. Allerdings wurde der Bahnhof auch von Bomben getroffen und der Uhrturm zerstört. Dieser wurde nicht wieder aufgebaut, denn mit der Entwicklung des Flugverkehrs ging es mit dem transatlantischen Schiffsverkehr bald bergab und der Bahnhof wurde bald zu einer Art Dinosaurier. 1999-2002 wurde der Bahnhof zum maritimen Museum *Cité de la Mer* umgebaut.

Der Zuckerrübenbahnhof

In Frankreich wird oft stärker auf maximale Zuggeschwindigkeiten (und von Paris aus gesehen, beste Reisezeiten) als auf gute Anbindung bestehender Bahnhöfe gesetzt. So kommt es, dass Halte in weniger bedeutenden Städten oft weitab vom Stadtzentrum, mit allerdings guter Parkplatzausstattung, errichtet werden. Ein Beispiel ist der TGV-Bahnhof *Haute Picardie* auf der grünen Wiese zwischen Amiens und Saint-Quentin. Sein Spitzname: *gare des betteraves* (*Zuckerrübenbahnhof*).

Lusigny und der Modellbahnhof

Lusigny-sur-Base ist ein kleiner Ort in der ostfranzösischen Region Champagne-Ardenne (1650 Einwohner). Am Bahnhof von Lusigny halten seit den 1990er Jahren keine Züge mehr. Dennoch ist er einer der bekanntesten Bahnhöfe Frankreichs. Denn er gehört im Format HO seit vielen Jahrzehnten zu den Verkaufsschlagern des französischen Modelleisenbahnherstellers Jouef und ganze Generationen von Modellbahnfans sind mit ihm aufgewachsen.

3.2 Elsaß und Lothringen

Metz - der militärstrategische Bahnhof

Der Bahnhof von Metz wurde 1905-08 aus militärstrategischen Gründen gebaut. Lothringen gehörte damals zu Deutschland und der neue Bahnhof erlaubte eine durchgehende Verbindung auf der *Kanonenbahn* nach Berlin. Die Bahnsteige wurden sehr lange und sehr breit angelegt, damit Pferde im Krieg schnell be- und entladen werden konnten. Der Bahnhof sollte es ermöglichen, eine Armee in 24 Stunden nach Lothringen zu transportieren. Allerdings war das Gelände ungünstig und so musste der Bau nach Angaben von Wikipedia (`Bahnhof Metz´, auch Quelle anderer Informationen in diesem Artikel) auf 3000 Pfählen aus Stahlbeton gegründet werden. Der Baustil war neoromanisch, was damals als besonders deutsch galt. Der architektonische interessierte Kaiser Wilhelm II. nahm persönlich bis ins Detail Einfluss auf die Gestaltung des von Jürgen Kröger entworfenen Bahnhofs. Ähnliches tat er beim Umbau der Kathedrale der Stadt.

Colmar und die Ähnlichkeit

Die französische Eisenbahnzeitschrift *La vie du rail* berichtete vor einigen Jahren über den 1905-1907 erbauten Bahnhof von Colmar und erwähnte die Tatsache, dass er stark dem kurz vorher (1894-1900) errichteten Danziger Hauptbahnhof (dessen Turm den Rathausturm der Stadt nachahmt) ähnelt. Ein Leser bemerkte daraufhin, das sei ja auch kein Wunder, schließlich lagen beide Bahnhöfe zur Zeit der Erbauung im selben Land - in Deutschland.

Straßburg - das Erbe der Deutschen

Im Jahr 1883 fuhr der erste Orient-Express von Paris nach Wien. Er hielt im neuen Straßburger Hauptbahnhof, der im selben Jahr eröffnet wurde und prunkvolle Räume für den Kaiser hatte, denn Straßburg war 1871 deutsch geworden. Zwanzig Jahre zuvor noch waren in der Eisenbahnbrücke über den Rhein Drehbrücken eingebaut worden, um dem Feind im Kriegsfall den Weg zu nehmen (eher den Weg zu nehmen, denn eine vermutlich weggedrehte Drehbrücke versperrt ja nicht wirklich). Ganz warm wurden die Straßburger mit der wuchtigen, aber irgendwie platten, wenig beschwingten wilhelminischen Sandsteinfassade des Bahnhofs nie. Auch deshalb wurde dem Bahnhof 2006 ein spektakulärer Glaswulst vorgehängt. Mit dem neu angelegten Rasen ergibt sich eine surrealistische Platzanmutung.

Straßburg Gare

Mulhouse

Die Architektur des Bahnhofs von Mulhouse (Mülhausen) ist eine rein französische. Die ersten beiden Bahnhöfe wurden in den 1840er Jahren erbaut, der dritte, noch heute stehende Bahnhof, 1928-1932. 2006-2009 wurde der Bahnhofsplatz umgebaut, um wie in Straßburg Anschluß an ein neu errichtetes Straßenbahnsystem zu schaffen.

3.3 Übriges Frankreich und Monaco

★ Perpignan - das spirituelle Zentrum der Welt

Der spanische Maler Salvador Dali (1904-1989) war oft mit dem Zug von seiner nordspanischen Heimat nach Paris unterwegs. Die Bahnstrecke führte durch den süd-französischen Bahnhof Perpignan und Dali hatte dabei immer das Gefühl, dass dieser Bahnhof bei ihm Inspiration und Geistesblitze auslöste. Deshalb nannte er den Bahnhof ein wichtiges Zentrum der westlichen Metaphysik und schließlich sah er ihn sogar als *mystisches und kosmisches Zentrum des Universums* (centre mystique et cosmique de l'Univers). Dali hat diesem Bahnhof 1965 sogar ein eigenes Bild gewidmet. Die französische Eisenbahn war durch diese Sichtweise geschmeichelt und bestellte bei Dali schließlich 6 vom Künstler zu gestaltende Eisenbahnplakate.
Heute sitzt eine Dali darstellende Figur zudem auf dem Bahnhofsdach, um an den Maler zu erinnern.

★ St. Nazaire und der Sturz durch das Glasdach

Der 1919 geborene Amerikaner Alan Eugene Magee starb im Dezember 2003 im Alter von 84 Jahren. Doch bereits mehr als 60 Jahre zuvor war es fast ein Wunder, dass er noch am Leben war. Denn Magee saß in einem amerikanischen Bomber über der französischen Küstenstadt St. Nazaire, als dessen Flügel von den Deutschen getroffen wurde. Das Flugzeug begann abzustürzen, Magee gelang es noch, herauszukriechen, ein funktionierender Fallschirm war jedoch nicht in Reichweite. Magee fiel aus 6400 Meter Höhe und schlug schließlich durch das Glasdach des Bahnhofs von St. Nazaire. Doch überraschenderweise überlebte Magee schwer verletzt den Sturz. Als er wieder zu sich kam, meinte er *„Ich weiß nicht wie ich hierher gekommen bin, aber Gott sei Dank lebe ich noch."* Die deutschen Besatzer hatten Respekt vor dieser Überlebensleistung und pflegten ihn, so gut es ging. Für Magee und seine Flugzeugcrew (die anderen waren mit Fallschirmen abgesprungen) wurde 1993, 50 Jahre nach dem Vorfall, in der Stadt ein Denkmal errichtet.

Der historische Bahnhof von St. Nazaire mit seinem rettenden Glasdach verfiel jedoch später zusehends, da es mit der Stadt durch die Werftenkrise bergab ging. 1955 wurde ein Neubau errichtet und da er am Hafen liegt, nimmt er maritime Motive auf und ähnelt dem Deck eines Schiffes.

Limoges und die Schildkröte

Limoges in Südwestfrankreich hat eine kuppelförmige Bahnhofshalle, vor der ein leuchtturmartiger Uhrturm steht. Ein Reisender soll einst angesichts der moscheeartigen Anmutung ausgerufen haben „Ja sind wir denn in Konstantinopel?" Manche Bewohner wählten für den vom Architekten Roger Gonthier (1884-1978) erbauten und 1929 eröffneten Bahnhof den Vergleich einer Schildkröte, die sich mit einer Kerze vermählt. In der Bahnhofsgestaltung zeigt sich die gewerbliche Tradition der Porzellanstadt. Die beeindruckende Glaskuppel wurde 1998 durch einen Brand zerstört, später aber originalgetreu rekonstruiert.

★ Roanne und der fehlende Präsident

Am 24. Mai 1920 stand am Bahnhof von Roanne (Departement Loire) ein Empfangskomitee für den französischen Präsidenten Paul Deschanel bereit, der hier um 7 Uhr morgens mit dem Zug ankommen sollte. Doch es hatte sich bereits herumgesprochen, dass der Präsident auf mysteriöse Weise aus dem Nachtzug verschwunden war. Schließlich fand man den Präsidenten in einem Bahnwärterhäuschen. Was war passiert? Am Vorabend hatte sich der Präsident an das offene Fenster seines Schlafwagens gelehnt. Irgendwie scheint er das Gleichgewicht verloren zu haben, denn er fiel aus dem Zug. Dieser fuhr glücklicherweise gerade mit geringer Geschwindigkeit an einer Baustelle vorbei. Der Präsident irrte im Schlafanzug und blutüberströmt die Gleise entlang, bis er auf einen Bahnarbeiter stieß, der ihn zum nächsten Bahnwärterhäuschen brachte. Dort stellte er sich als Präsident Frankreichs vor. Der Bahnwärter war skeptisch, informierte aber die Polizei. Seine Frau meinte später *„Ich wusste gleich, dass es sich um einen Herren handelte, denn er hatte saubere Füße."*

Ardèche und der fehlende Bahnhof
Das in der südfranzösischen Region Rhône-Alpes gelegene Departement Ardèche gilt eisenbahnmäßig als Kuriosum: es ist das einzige Frankreichs, welches keinen Bahnhof hat.

★ La Ciotat - der erste Bahnfilm
1895 drehten die Gebrüder Lumière, die als Erfinder des Films und des Kinos gelten, im Bahnhof von La Ciotat in Südfrankreich einen einminütigen Film über die Ankunft eines Zuges. Dieser war damit der erste Eisenbahnfilm. Als der Film vorgeführt wurde, erschraken die Zuschauer, da sie dachten, der Zug führe auf sie zu, und wichen mit einem Aufschrei nach hinten zurück.

Saint-Dalmas de Tende und die wechselnde Grenze
Die landschaftlich spektakuläre Tendabahn verbindet Turin mit der Mittelmeerküste und verläuft auf italienischem und französischem Gebiet. Im mittleren Streckenteil ging die Grenze im 20. Jahrhundert hin und her. 1928 gehörte das Tendagebiet zu Italien und Mussolini ließ im kleinen heute Saint-Dalmas de Tende genannten Dorf einen repräsentativen Grenzbahnhof errichten. 1947 wurde der Ort aber wieder französisch. An der Fassade des in italienischem Stil erbauten Empfangsgebäudes zeichnen sich noch immer die Schatten der einstigen italienischen Bahnhofslettern *Santo Dalmazzo di Tenda* ab.

Marseille Saint-Charles und die Treppe

Der 1848 erbaute und im Jahr 2006 renovierte Kopfbahnhof Saint-Charles in Marseille liegt auf einer kleinen Anhöhe. Mit der tiefer gelegenen Stadt ist er durch eine monumentale Treppe mit 104 Stufen verbunden, welche 1926 eröffnet wurde. Der Fuß der Treppe wird flankiert von zwei liegenden sinnlichen Frauenstatuen des Bildhauers Louis Botinelly (1883-1962), die die Kolonien in Asien und Afrika repräsentieren sollen. Im Buch ‚*Dictionnaire Amoureux de Marseille*' meint der Autor Paul Lombard, als Schuljungen hätten sich er und seine Kumpane besonders an der ausgeprägten Weiblichkeit der Statue, die die Kolonien Afrikas darstellen soll, delektiert.

Cauterets - Holzbahnhof im Western-Look

Im Pyrenäenort Cauterets fühlt man sich in den Wilden Westen versetzt, denn der Ort hat einen Holzbahnhof. Die zugehörige Bahnstrecke wurde jedoch bereits 1949 stillgelegt. Im 19. Jahrhundert war Cauterets noch ein gesuchter Wintersportort. Eine Firma in Bordeaux, welche Holzbauteile herstellte, bekam den Auftrag für das Empfangsgebäude. Sie produzierte einen Bahnhofsbausatz aus Holz, die Teile wurden per Eisenbahn nach Cauterets gebracht und dort zusammengebaut, was einen Western-Look ergab.

Das falsche Monaco

Im April 2008 reisten zwei Italienerinnen von Triest nach München, um ihre Kusine abzuholen, die mit dem Nachtzug aus Paris erwartet wurde. Doch von der Kusine war nichts zu sehen. Nachforschungen bei der Polizei ergaben, dass die Kusine in Monaco gelandet war. Denn München heißt auf italienisch Monaco di Baviera,und so hatte die Kusine in Paris am Bahnhof eine Fahrkarte nach ‚Monaco' verlangt und auch bekommen. Die Tanten fuhren schließlich mit dem Auto ins Fürstentum, um sie abzuholen.

4. Großbritannien und Irland

4.1 Großraum London

London Euston und die Modernisierung

Auch London hatte einst einen Bahnhof im neoklassischen Stil, die 1837 erbaute Euston Station. Das Eingangsportal („Euston Arch") hatte mächtige, 22 Meter hohe dorische Säulen. Im Jahre 1962 wurde das Gebäude im Modernisierungswahn der damaligen Zeit, einschließlich des Säulenpropyläums, zum Bedauern vieler abgerissen und durch einen banalen modernistischen Allerweltsbau ersetzt. Der Verlust des Bahnhofs führte in Großbritannien zur Stärkung des Denkmalschutzes, der bis dahin Verkehrs- und Industriegebäude außen vor gelassen hatte.

London St. Pancras

Der St. Pancras-Bahnhof in London ist ein gewaltiger neogotischer Bau. Er zeichnet sich durch zwei Großstrukturen aus. Zum einen ein großes, in seine Fassade integriertes Hotel, das lange Zeit leer stand und zurzeit saniert wird. Die zweite Besonderheit ist das riesige, alle Gleise überspannende Zeltdach, das erste dieses Konstruktionstyps. Seit seiner Neueröffnung für den Kanaltunnelverkehr im November 2007 gibt es ein weiteres Element, welches Größe zeigt: der Bahnhof verfügt an den Gleisen über die längste Champagnerbar Europas. Zur Eröffnung schrieb sich die Presse den Bahnhof schön. Da die Gleisebene jedoch über dem Besucher und Shopping-Bereich liegt und nur nach vorigem Einchecken in Eurostar-Züge erreichbar ist, bietet der Bahnhof kein richtiges Kopfbahnhoferlebnis mit gut einsehbaren aufgereihten Zügen. Die Atmosphäre ist eher steril. Die Gewölbe, welche heute Geschäfte beherbergen, dienten früher der Lagerung von Bier, für welches St. Pancras Empfangsbahnhof war.

St. Pancras und die Gräber

Der Bahnhofskomplex St. Pancras wurde teilweise auf Friedhofsgelände errichtet. Verstorbene mussten deshalb umgebettet werden. Mit der Aufsicht über diese Tätigkeit wurde der Kirchenrestaurator und Architekt Thomas Hardy (1840-1928) beauftragt. Später wurde Hardy zu einem der bedeutendsten Schriftsteller Englands.

London King`s Cross

Im Film *Harry Potter and the Chamber of Secrets* wurden die Szenen, wie Harry, Hermine und Ron versuchen, den Hogwarts-Express zu erwischen, in Kings Cross gedreht. Für die Außenaufnahme wählte das Filmteam jedoch die photogene St Pancras Station auf der anderen Straßenseite.

★ London-Waterloo und die Necropolis

Der Waterloo-Bahnhof in London ist die flächenmäßig größte Bahnstation Großbritanniens und wurde 1848 eröffnet. Wenige Jahre später brach in London eine verheerende Choleraepidemie aus und so wurde 1854 neben dem Hauptgebäude eine *Necropolis*-Station eingerichtet, von der jeden Tag ein Beerdigungszug zum damals weltweit größten Friedhof, dem Brookwood Cemetary in Surrey fuhr. Es gab sogar separate Bahnsteige für gestorbene Anglikaner und für andere Glaubensrichtungen. Im Necropolis-Bahnhof gab es eine Bar mit dem Wortspiel-Schild „Spirits served here". Im Zweiten Weltkrieg fiel die Station dem Bombenhagel zum Opfer und wurde danach nicht wieder aufgebaut.

Liverpool Street Station

Vor der Liverpool Street Station ist ein von Frank Meisler (*1929) geschaffenes Denkmal für die Kindertransporte zu sehen. Meisler selbst gelang mit anderen jüdischen Kindern im August 1939 die Flucht im Viehwaggon von Danzig über Berlin zur Liverpool Street Station in London.

London Paddington und die drei Statuen

London Paddington ist ein Bahnhof für Bücher- und Denkmalfreunde. Agatha Christies Roman *16 Uhr 50 ab Paddington* beginnt mit einem in diesem Bahnhof abfahrenden Zug. Zudem ist die Kinderbuchfigur *Paddington Bear* nach dem Bahnhof benannt. Eine Statue des kleinen Bären findet sich in der Bahnhofshalle. Und noch weitere Statuen sind im Bahnhof zu sehen - eine des großen britischen Bahningenieurs und Tunnelbauers Isambard Kingdom Brunel (1806-1859) und eine für die im Ersten Weltkrieg gefallenen Mitarbeiter der Great Western Railway.

London Vauxhall und die gefährliche Erleichterung

Im Juli 2008 starb im Bahnhof von Vauxhall ein 41-jähriger polnischer Lehrer, der als Tourist nach Großbritannien gereist war, um seine Englischkenntnisse aufzufrischen.
Im Bahnhof gibt es keine Toiletten und so lief der Tourist an das Bahnsteigende, um sich über den Schienen unauffällig zu erleichtern. Doch eine der Schienen stand unter 750 Volt Spannung (in Großbritannien beziehen Züge ihren Strom teilweise aus Stromschienen). Der Urinstrahl leitete den Strom in den Körper des Mannes, der nur noch tot aufgefunden werden konnte.

☞ Vom Stadtteilnamen Vauxhall leitet sich übrigens das russische Wort für Hauptbahnhof (Voksal) ab.

Broad Street Station

1986 wurde in London die 1865 errichtete Broad Street Station abgerissen. Ein neuer Bahnhof wurde nicht gebaut, da die Liverpool Station unmittelbar daneben lag. Einst war Broad Street einer der belebtesten Bahnhöfe Londons. 1902 nutzten ihn 27 Millionen Passagiere, etwa 75 000 pro Tag. Doch im Jahr 1985 war die tägliche Passagierzahl auf 6000 gefallen, davon nur 300 ankommende Passagiere in der morgendlichen Spitzenzeit. 1983-1984, wenige Jahre vor dem Abriss des Bahnhofs, drehte der Ex-Beatle Paul McCartney den Film *Give my regards to Broad Street* (auch ein Album mit diesem Titel wurde von ihm produziert). In einer der letzten Szenen des Films geht McCartney in den Bahnhof und sitzt allein auf einer der Bänke. In diesem Film hatte der englische Schauspieler Ralph Richardson (1902-1983) seinen letzten Auftritt.

☞ Zu Ralph Richardson gibt es folgende Bahnanekdote: Richardson sah einst einen alten Bekannten in einem Londoner Bahnhof. „Mein lieber Robertson", rief er aus, „wie hast du dich nur verändert. Du siehst jünger aus - dein Gesicht ist rund und du hast eine gute Farbe. Sogar deinen Schnurrbart hast du abrasiert". Der verdutzte Mann starrte Richardson an „Aber mein Name ist gar nicht Robertson", bemerkte er. „Wie", antwortete Richardson, „ den Namen hast du auch geändert".

Fenchurch Street Station

Die nahe am Tower gelegene Fenchurch Street Station hat ihren Namen gleich mehreren Dingen geliehen. Zum einen gehört sie zu den Bahnhöfen, die in der britischen Standardausgabe des Spiels *Monopoly* vorkommen. Zum anderen ist die Skatermodemarke *Fenchurch* nach der Station benannt. Das Logo von *Fenchurch* sieht ein bisschen aus wie Bögen in einer Kirche, aber auch wie sich verzweigende Gleise.

In Douglas Adams' Buch ‚*So Long, and Thanks for All the Fish*', vierter Band seiner Serie ‚*Per Anhalter durch die Galaxis*' ist eine weibliche Hauptfigur (Fenchurch) nach dem Bahnhof benannt, weil Adams angeblich in diesem Bahnhof die Idee zu dieser Figur hatte. Eigentlich hatte er die Idee im Paddington-Bahnhof, doch weil es schon einen Paddington-Bär gab, beschloss er, die Protagonistin nach dem Fenchurch-Bahnhof zu nennen.

4.2 Süd- und Südostengland

★ Box - der geheimnisvolle Tunnel

In der Grafschaft Wiltshire im Westen Englands gibt es auf der Eisenbahnstrecke London-Bristol in der Nähe des Dorfes Box den berühmten Box-Tunnel. Dieser wurde im Jahre 1837 vom britischen Tunnelbauer Isambard Kingdom Brunel (1806-1859) errichtet. Dabei ließ er den Tunnel so anlegen, dass die Sonne am 9. April, seinem Geburtstag, durch ihn scheint. Als der Tunnel gegraben wurde, stellten die Ingenieure fest, dass das Gestein gutes Baumaterial abgibt und so wurden zusätzliche Minen für dessen Abbau eingerichtet. Die dadurch entstandenen Höhlen wurden von der Regierung im Zweiten Weltkrieg genutzt, um Munition zu lagern und Experimente mit neuen Waffen durchzuführen. Ein unterirdisches Nachrichtenzentrum wurde angelegt, mit Schächten, die zum über dem Tunnel gelegenen Luftwaffenstützpunkt führten. Schließlich entstand ein ganzes System von Tunneln und Kavernen, eine Art unterirdische Stadt komplett mit Bahnsteigen und ganzen Bahnhöfen. Im Kalten Krieg wurde die Anlage schließlich atombombensicher ausgebaut, als von London leicht erreichbarer Schutzraum für die Regierung und die königliche Familie im Falle eines Nuklearkrieges.

Dartford und das Zufallstreffen

Mick Jagger und Keith Richards wurden im Jahr 1943 in Dartford in der Grafschaft Kent geboren und gingen dort auf die Schule. Doch nach der Schulzeit verloren sich die beiden aus den Augen. Mick Jagger studierte an der angesehen *London School of Economics* Ökonomie, Keith Richards am *Sidcup Art College*. Im Oktober 1961 liefen sie sich jedoch zufällig auf dem Bahnhof von Dartford über den Weg. Beide stellten fest, dass sie immer noch ein großes Interesse an Musik hatten und beschlossen eine Band zu gründen - die Rolling Stones. Im Februar 2015 wurde im Bahnhof eine blaue Gedenktafel enthüllt, die an das Treffen erinnert.

Slough und der Hund in der Vitrine

Die westlich von London gelegene Stadt Slough hatte bereits 1840 ihren ersten Bahnhof. Dort trat Königin Victoria 1842 zu ihrer ersten Bahnfahrt an, welche von Windsor mit seinem königlichen Schloss nach London Paddington führte. Weil der Rektor der bei Windsor gelegenen Eliteschule Eton keinen Bahnhof in allzu großer Nähe wollte, war Slough lange der Windsor am nächsten gelegene Bahnhof. Heute sind Bahnhofsbesucher überrascht, auf Bahnsteig fünf einen ausgestopften Hund in einer Glasvitrine zu finden. Dabei handelt es sich um *Station Jim*, einen Hund, der von 1894 bis zu seinem Tod im Jahr 1896 genutzt wurde, um für den Witwen- und Waisenfonds der *Great Western Railway* Geld einzusammeln. Nach Jims Tod wurde er ausgestopft und in eine Glasvitrine gestellt, die mit einem Schlitz für Geldspenden versehen ist.

★ Reading und das verlorene Manuskript

Der britische Offizier T.E. Lawrence (1888-1935; als ‚*Lawrence of Arabia*' bekannt geworden) war zur Weihnachtszeit des Jahres 1919 von London nach Oxford unterwegs. Im Bahnhof von Reading musste er umsteigen. Im fahrenden Zug bemerkte er zu seinem Schrecken, dass er seine Aktentasche auf dem Bahnsteig vergessen hatte. In dieser Tasche befand sich das fast fertige Manuskript seines Buches ‚*The Seven Pillars of Wisdom*', welches seine Erlebnisse in Arabien wiedergab. Im Bahnhof von Oxford angekommen, ließ er in der Station Reading anrufen. Doch die Tasche mit dem Manuskript ließ sich nicht auffinden. Da er seine Notizen bereits vorher vernichtet hatte, blieb ihm nichts anderes übrig, als das bereits 250 000 Wörter umfassende Werk aus dem Gedächtnis neu zu schreiben.

Wolferton Royal Station

Zu den vielen Besitztümern des britischen Königshauses gehört auch ein Anwesen in Sandringham im County Norfolk unweit der Nordseeküste im Osten Englands. Einst hatte das Dorf Wolferton die dem Anwesen nächstgelegene Bahnstation und deshalb gab es hier eine Royal Station, in welcher der königliche Zug ankam. Eines Tages traf jedoch ein ungebetener Gast im Bahnhof ein: der russische Mönch Rasputin, der verlangte, den König zu sehen. Doch mit dem unheimlichen Mönch wollte man nichts zu tun haben und prompt wurde er in den nächsten Zug nach London gesetzt. Als König Georg VI. im Jahre 1952 starb, wurde sein Leichnam per Bahn vom königlichen Bahnhof in Wolferton nach London transportiert. Im Jahre 1966 wurden Bahnlinie und zugehöriger Bahnhof jedoch geschlossen. Der Bahnhof wurde zum Museum, in welchem man die Inneneinrichtung der königlichen Züge bewundern konnte, einschließlich Queen Victorias Reisebett. Doch auch das Museum wurde wieder geschlossen und das Empfangsgebäude ist heute ein nicht zugängliches Privatwohnhaus.

Portsmouth Harbour

Portsmouth Harbour ist ein Bahnhof, dessen Bahnsteige bis fast ans Kai reichen. Die Lage gilt als Sicherheitsrisiko, denn Autofähren verkehren nahe den Gleisen. Deshalb gibt es Pläne, den Bahnhof etwas von der Wasserkante landeinwärts zu verlegen. Zum Bahnhof gibt es folgenden Witz. Eine ältere Dame fragt den Bahnbediensteten `*Does the train stop at Portsmouth Harbour*´. Darauf antwortet dieser `*I hope so, otherwise there will be a big splas*h´. (`Hält der Zug am Hafenbahnhof? Ich hoffe, denn sonst würde es einen großen Platscher geben´).

Dilton Marsh Halt

Der britische Eisenbahnpoet Sir John Betjeman (1906-1984) schrieb einst folgendes Gedicht über die Bahnstation Dilton Marsh Halt, die auf der Bahnstrecke von Salisbury nach Westbury (-Bath) im Westen Englands liegt: (Auszug)

„Was it worth keeping the Halt open
We thought as we looked at the sky
Red through the spread of the cedar-tree,
With the evening train gone by? ...

There isn't a porter. The platform is made of sleepers.
The guard of the last train puts out the light.
And high over lorries and cattle the Halt unwinking
Waits through the Wiltshire night. ...

And when all the horrible roads are finally done for,
And there's no more petrol left in the world to burn,
Here to the halt from Salisbury to Bristol
Steam trains will return."

Während die Britische Eisenbahn viele kleine Eisenbahn-Haltepunkte schloss, überlebte der schwach frequentierte Dilton Marsh Halt – vielleicht weil er im Gedicht von John Betjeman verewigt wurde. Hier gab es früher nicht mal einen Fahrkartenautomaten. Am Haltepunkt war ein Zettel angebracht ‚Will passengers please obtain tickets from Mrs H Roberts Holmdale 7th house up the hill'.
1994, 10 Jahre nach Betjemans Tod, wurde endlich ein ordentlicher Bahnsteig angelegt. Die Tochter Betjemans eröffnete die neue Station, las das Gedicht vor und weihte eine Gedenktafel mit dem Text des Gedichtes ein.

4.3 Mittel- und Nordengland

Preston und Wallace and Gromit

Der durch die Wallace und Gromit-Knettrickfilme berühmt gewordene Regisseur Nick Parker stammt aus Preston in Nordwestengland (Lancashire). Es gab vor ein paar Jahren Pläne, im Bahnhof eine Wallace & Gromit-Plastik aufzustellen. Zumindest stand die den Bahnhof bedienende Eisenbahngesellschaft diesem Plan positiv gegenüber. Doch eine solche Plastik wurde bisher nicht verwirklicht. Immerhin hängt in der Bahnhofskneipe ein Wallace & Gromit-Bild an der Wand.

Manchester Liverpool Road Station

Das 1830 errichtete Gebäude gilt als ältestes noch bestehendes Bahnhofsgebäude der Welt. Allerdings war der Bahnhof auch einer derjenigen, die am frühesten stillgelegt wurden. Bereits 1844 hielt der letzte Personenzug. Bis 1975 diente der Bahnhof noch dem Güterverkehr. Heute befindet sich darin ein Wissenschaftsmuseum.

Liverpool Edge Hill

Die 1836 erbaute Edge Hill Station in Liverpool gilt als ältester noch genutzter Bahnhof der Welt. Allerdings ist heute die Lime Street Station der wichtigste Bahnhof der Stadt. Wegen des Gefälles zwischen Edge Hill und Lime Street wurden ursprünglich die Lokomotiven in Edge Hill abgehängt. Die Waggons gelangten durch die Schwerkraft und mit Hilfe von Bremsern nach Lime Street. Zurück ging es mit Hilfe von Seilwinden. Heute hat Edge Hill nur noch wenige Passagiere, da die Station sehr dicht an Lime Street liegt und nur wenige Züge halten. „Getting off at Edge Hill", also kurz vor dem Ziel, ist im Englischen übrigens auch ein Slangausdruck für *Coitus interruptus*.

❖ Liverpool Lime Street und Bessie Braddock

Bessie Braddock (1899-1970) war eine sozial engagierte Labour Politikerin die ein Vierteljahrhundert für Liverpool im Britischen Parlament saß. Braddock setzte sich sehr für die Belange sozial Benachteiligter ein und führte selbst ein bescheidenes Leben. Als sie starb, galt sie manchen als die nach der Queen Elizabeth bekannteste Britin. Zu ihrem 110. Geburtstag wurde im Liverpooler Lime Street Bahnhof eine Bronzestatue für sie aufgestellt. Gleichzeitig bekam auch der damals noch lebende Liverpooler Entertainer Ken Dodd (1927-2018) eine Statue im Bahnhof.

Huddersfield Station

Während im Süden Englands im 19.Jahrhundert neogotischer Stil auch bei Bahnhofsbauten en vogue war, setzte man im Norden des Landes eher auf neoklassische Architektur. Ein gutes Beispiel dafür ist der 1847 eröffnete Bahnhof von Huddersfield, den täglich 6000 Reisende nutzen. Das an einen griechischen Tempel erinnernde Eingangsportal weist 6 korinthische Säulen auf. Der englische Poet John Betjeman (☞ eine Statue Betjemans steht im St Pancras Bahnhof) beschrieb die Fassade des Empfangsgebäudes als `die großartigste Englands´.

Sheffield und der train spotter

In Großbritannien werden Eisenbahnfans auch *train spotters* oder, nach ihrer typischen Kleidung, *Anoraks* genannt. Als junger Mann gehörte auch Michael Palin, einst Mitglied der Monthy Python Truppe und heute Produzent von BBC-Weltreisedokumentationen, zu den train spotters. Von seinem Heimatbahnhof Sheffield erkundete er Mittelengland. Oft hielt er sich im Bahnhof von Retford auf, da dort die *Flying Scotsmen*-Lokomotiven vorbeifuhren.

Newcastle

Das nordenglische Newcastle upon Tyne liegt am bzw. über dem Tyne-Fluss. Am steilen Flussufer gab es noch im 19. Jahrhundert eine Burg, die einst der Verteidigung der Stadt gegen die Schotten diente. Doch die Platzverhältnisse sind in Flussnähe so beengt, dass die Burg in der Mitte des 19. Jahrhunderts einem Bahnhofsbau weichen musste. Königin Victoria wohnte der Eröffnung im August 1850 bei. Südlich des Flusses liegt Gateshead und die beiden Städte sind durch zwei Eisenbahnbrücken über den Tyne verbunden. Die erste Brücke, eine Hochbrücke, wurde von Robert Stephenson (1803-1859), einzigem Sohn des Lokomotivpioniers George Stephenson, entworfen.

❖ **York- einst größter Bahnhof der Welt**

Nach einem ersten Holzbahnhof im Jahr 1839 und einem innerhalb der Stadtmauern gelegenen und damit in seinen Erweiterungsmöglichkeiten eingeschränkten zweiten Bahnhof wurde im Jahre 1877 im nordenglischen York ein neuer Bahnhof eröffnet, der mit seinen 13 Gleisen damals der größte der Welt war. York war einst ein wichtiger Eisenbahnknoten, dort trafen 10 Linien der North Eastern Railway zusammen. Und für viele britische Eisenbahnfreunde ist York auch aus anderem Grund ein wichtiges Reiseziel. Unweit des Bahnhofs befindet sich das National Railway Museum, das größte Eisenbahnmuseum Großbritanniens.

Warrington - No kissing!

Am 13. Februar 2009, gerade noch rechtzeitig vor dem Valentinstag, wurden im Zuge von Sanierungsmaßnahmen in der englischen Warrington Bank Quay Station ‚*No kissing*'-Zeichen installiert. Diese gelten vor allem für den Bahnhofsparkplatz und die Taxistände. Denn Abschiedsküsse führten immer wieder zu einer Verlangsamung des Verkehrsflusses und seit der Einführung schnellerer Pendolino-Züge zwischen London und Schottland waren die Fahrgastzahlen im Bahnhof stark gewachsen.

Französische Blogger meinten, das Verbot wäre keine Überraschung, denn im sinnenfeindlichen England hieße es ja ‚*No sex please, we are British*'. Die örtlichen Behörden sehen das Verbot mit einem Augenzwinkern und meinen, es würde sicher nicht rigide durchgesetzt.

Vorbild war übrigens der Chicagoer Vorortbahnhof Deerfield, wo bereits 1979 eine No-Kissing Zone am Bahnhof eingerichtet wurde. Dies machte damals nationale Schlagzeilen, US-Medien wie TIME berichteten darüber.

No-Kissing-Schild am Bahnhof von Warrington

Milton und die Pappfahrkarten

Im Jahre 1836 wurde Thomas Edmondson (1792-1851) Vorsteher des kleinen, an der neu erbauten Strecke Newcastle-Carlisle gelegenen Bahnhofs Milton (heute Brompton Station). Edmondson störte sich jedoch an den kleinen Zetteln, die, aus der Postkutschenzeit übernommen, bis dahin als Fahrkarten ausgegeben wurden. So begann er selber eine Maschine zusammenzubauen, welche kleine etwa 3 cm breite und 5.7 cm lange Pappfahrkarten bedrucken und nummerieren konnte. Daneben stellte Edmondson einen Kasten zur Aufbewahrung der Fahrkarten und eine Datumspresse zum Datieren der Tickets. Dieses System hatte nicht nur für die Fahrkartenproduktion, sondern auch für die Kontrolle, Abrechnung und Prüfung der Fahrkarten im Zug Vorteile. Bald übernahmen deshalb andere Bahnhöfe der Strecke das System, Edmondson wurde zum Direktor der Manchester und Leeds Railway befördert und das System wurde auf allen Stationen dieser Bahngesellschaft eingeführt. Schließlich verbreitete es sich in ganz Europa und auf deutschen Nebenstrecken wurden fast 150 Jahre lang, noch bis in die 1980er Jahre *‚Edmondsche Pappfahrkarten'* ausgegeben. Noch heute werden solche Fahrkarten aus Nostalgiegründen von Museumsbahnen verwendet, so zum Beispiel von den Harzer Schmalspurbahnen.

Sunderland-Monkwearmouth

Der Ortsteil Monkwearmouth hatte einst den Hauptbahnhof der nordenglischen Stadt Sunderland. Mit seinem Säulenportal war das im klassischen Stil errichtete Empfangsgebäude eines der schönsten des Landes. Als Museum kann es noch heute bewundert werden, mit erhaltenen Fahrkartenschaltern aus der Edwardschen Epoche Anfang des 20. Jahrhunderts. Grund für den prächtigen Ausbau Monkwearmouths in den 1840er Jahren war der Ehrgeiz des örtlichen Eisenbahnfinanziers und Parlamentariers George Hudson (1800-1871), der auch ‚Eisenbahnkönig' genannt wurde. Doch in den 1850er Jahren platzte die erste britische Eisenbahnblase und zusätzlich kam heraus, dass Hudson andere Parlamentarier bestochen hatte. So wendete sich sein Schicksal bald gegen ihn und er musste mehrere Jahre im Exil auf dem europäischen Kontinent verbringen. Der schöne Bahnhof blieb Sunderland dennoch erhalten. 1967 machte ihm jedoch die ‚Beeching Axe'-Sparmaßnahmen der Britischen Eisenbahn, die nach Richard Beeching, dem Autor eines Berichtes zu Einsparpotenzialen bei der Bahn, benannt sind, den Garaus und die Station wurde in ein Museum umgewandelt.

Appleby (-in-Westmoreland) und der Bischof

Am 13. Mai 1978 erlitt der anglikanische Bischof Eric Treacy im Bahnhof von Appleby (-in-Westmoreland) in Nordengland (Cumbria) einen Herzanfall und starb. Er hatte an einer nostalgischen Eisenbahntour teilgenommen, bei der die letzte von der britischen Eisenbahngesellschaft gebaute Dampflok, die *BR 92220 Evening Star* zum Einsatz kam. Eine Gedenktafel im Bahnhof erinnert daran, denn Treacy war bei Eisenbahnern beliebt und bekannt. Er war nicht nur Geistlicher, sondern in England auch ein angesehener Eisenbahnphotograph. Beim Photographieren trug er eine weiße Armbinde, damit ihn das Bahnpersonal erkannte und für ihn als Trainspotter interessante Informationen zu Zügen, welche er gerade photographierte, schickte, wie Lokomotivnummern und Reiseziele. Er revanchierte sich für Hinweise mit Abzügen seiner Bilder. Seine 12 000 Eisenbahnphotographien gehören heute zum Bestand des Nationalen Eisenbahnmuseums.

Kingston upon Hull und Philip Larkin

Philip Larkin (1922-1985) wird zu den bedeutendsten englischen Dichtern des 20. Jahrhunderts gerechnet. Seit 1955 arbeitete er als Universitätsbibliothekar im nordenglischen Hull. Am Samstag den 13. August 1955 fuhr Larkin mit einem Zug von Hulls Bahnstation Paragon nach London. Diese Reise inspirierte ihn zum in England bis heute beliebten Gedicht *The Whitsun Weddings*.

That Whitsun, I was late getting away:
Not till about
One-Twenty on the sunlit Saturday
Did my three-quarters empty train pull out,
All windows down, all cushions hot, all sense
Of being in a hurry gone. We ran
Behind the backs of houses, crossed a street
Of blinding windscreens, smelt the fish-docks; thence
The river's level drifting breadth began,
Where sky and Lincolnshire and water meet".

Im Jahre 2010 wurde zum 25. Todestag des Dichters am Bahnhof von Hull eine Larkin-Statue (Bildhauer: Martin Jennings) aufgestellt. Jennings hatte auch das Betjeman-Standbild im Londoner St. Pancras Bahnhof geschaffen. Im Schatten der Larkin-Statue ist die Zeile zu lesen:
That Whitsun, I was late getting away...

Alnwick Station und der Buchladen

Im nordenglischen Alnwick ist im 1887 erbauten ehemaligen Bahnhof ein Antiquariat untergebracht. Die original erhaltene Bahnhofsarchitektur gibt dem 1991 eröffneten und mit 2700 m^2 sehr großen Buchladen eine besondere Atmosphäre. Der New Statesman bezeichnete Barter als *'The British Library of Second Hand bookshops'*.

Crewe - das Mekka der Trainspotter

Großbritannien gilt als Mekka der Verkehrsbeobachter. Hier gibt es nicht nur trainspotters, sondern auch plane spotters, bus spotters und canal spotters (gongoozlers). Die trainspotters, wegen ihrer typischen Kleidung auch Anoraks genannt, sind allerdings mit 200 000 am zahlreichsten. Als Mekka der britischen trainspotter gilt der Bahnhof der im Nordwesten von England, unweit von Manchester gelegenen Stadt Crewe. Der 1837 erbaute Bahnhof von Crewe gilt wegen der gut erhaltenen historischen Anlagen als eine der technikgeschichtlich interessantesten Stationen weltweit. Crewe war der erste Bahnhof mit eigenem Bahnhofshotel, das 1838 eröffnete Crewe Arms, welches es heute noch gibt. Auch als Bahnknotenpunkt mit sehr komplexen Gleisplänen und altertümlichen Bahnsteigzugängen zieht Crewe Eisenbahnfans an. Die historischen Anlagen haben jedoch eine Kehrseite: im Jahr 2008 wurde Crewe von Bahnpassagieren unter die 10 schlechtesten Umsteigebahnhöfe Großbritanniens gewählt.

Bahnhof Crewe (Bild: Wikipedia)

4.4 Schottland

Edinburgh Waverly und der Roman

Der Hauptbahnhof von Edinburgh (Waverly Station) liegt in einem Tal in der Mitte der Stadt. 38 000 Fahrgäste benutzen ihn täglich, und mit einem Hektar Fläche gilt er als zweitgrößter Bahnhof Großbritanniens. Es ist zudem der einzige Bahnhof im Land, der nach einem Buch benannt ist. Sir Walter Scott (1771-1832) war ein berühmter schottischer Romanschreiber. In gewisser Weise war er sogar der erste Schriftsteller mit einer internationalen Karriere. Im Jahre 1814 schrieb er anonym seinen ersten Roman, *Waverly*. Waverly ist im Roman, der den Jakobitenaufstand zum Thema hat, der Name des englischen Protagonisten. Das Buch wurde ein großer Erfolg. Auch die nachfolgenden Romane wurden Publikumsrenner, doch noch immer publizierte er diese anonym unter dem Platzhalter „Autor von Waverly". Doch bald war klar, wer hinter diesen Romanen steckte. Später wurde der Bahnhof Edinburghs nach diesem Buch benannt.

Bahnhof und Hotel

☞ Gegenüber der Waverly Station liegt das luxuriöse *Balmoral Hotel* (5 Sterne). Dieses 1902 erbaute Hotel hat einen weit sichtbaren Uhrturm. Der Minutenzeiger der Uhr geht allerdings immer zwei Minuten vor (außer an Silvester), damit Fahrgäste nicht den Zug verpassen.

Edinburgh Haymarket und der französische Akzent

Bevor der Tunnel zum Waverly-Bahnhof 1846 gebaut wurde, war die 1842 eröffnete Haymarket Station der Endbahnhof der Glasgow-Edinburgh-Linie. Haymarket sah in den letzten Jahren einen starken Reisendenzuwachs von 50 Prozent auf 1.6 Millionen Passagiere jährlich. Ob dies wohl auch an Vincent Houplain liegt, einem Franzosen, der 2001 wegen einer Schottin nach Schottland umzog und nun in dieser Station die Bahnhofsdurchsagen spricht? Die Pendler zeigen sich vom französischen Akzent der Durchsagen überraschend angetan und Houplain hat bereits Fans, vor allem weibliche, die seinen Akzent 'sexy' finden.

☞ Die Haymarket-Bahnhof ist übrigens einer der wenigen, welcher ein mit 0 nummeriertes Gleis hat.

Glasgow - Heilanman's Umbrella

Die 1879 eröffnete Central Station von Glasgow weist zwei Gleisebenen auf. Das war 2002 ein Vorteil, als die untere Ebene nach heftigen Regenfällen überschwemmt wurde und somit eine Ausweichebene vorhanden war. Die verglaste Bahnhofsbrücke über die Argyle Street bietet zudem Wetterschutz. Sie hat deshalb den Spitznamen *Heilanman's Umbrella*, denn sie war einst ein beliebter Treffpunkt zugewanderter Highlander ('Heilan man').

Jordanhill und Wikipedia

Jordanhill ist ein Vorstadtquartier von Glasgow und verfügt nach Wikipedia seit 1887 über einen Bahnhof. Der entsprechende Wikipedia-Eintrag (durch den Informatiker Ewan MacDonald) war die millionste Wikipediaseite in englischer Sprache (insgesamt gibt es 11 Millionen Wikipedia-Einträge Die dadurch entstandene Berühmtheit hat allerdings auch dazu geführt, dass die Seite oft abgeändert und mit falschen Informationen gefüttert wurde. Es gab auch Stimmen, den Jordanhill-Bahnhof mit einer Gedenktafel auszustatten.

Dingwall und der Tee

Im Norden Schottlands, unweit von Inverness trifft im Hochland die *Kyle of Lochlash*-Bahnlinie auf die *Far North Line*. Hier befindet sich der kleine Bahnhof Dingwall. Im Ersten Weltkrieg reisten etliche Soldaten und Seeleute durch den Bahnhof, wo sie vom Roten Kreuz mit einer Tasse Tee aufgemuntert wurden. Am Bahnhof ist eine Messing-Erinnerungstafel mit folgender Aufschrift angebracht: '*This railway station was used as a tea stall for sailors and soldiers from 20th September 1915 until 12th April 1919 during which period 134.864 men were supplied with tea.*'

4.5 Insel Man

Snaefell Mountain Railway und die gute Sicht

An klaren Tagen soll man von der Bergstation der 1895 erbauten 8 km langen 1067 mm-*Snaefell Mountain Railway* auf der Insel Man, nicht nur die Insel selbst, sondern auch Irland, Schottland, England und Wales sehen können. Man spricht auch von den seven kingdoms (sieben Reichen), die man sehen könnte, wozu dabei zu den genannten noch die Erde und der Himmel gerechnet werden.

☞: Eine gute Sicht hat man auch vom Mount Snowdon (1085 m) in Wales und der auf 1065 m Höhe gelegenen Bergstation der Snowdon Railway, der einzigen Zahnradbahn Großbritanniens.

4.6 Wales

Llanfairpwll...

Das nordwalisische Dorf Llanfairpwll hatte sich im 19. Jahrhundert einen besonders langen Namen zugelegt (Llanfairpwllgwyngyllgogerychwyrndrobwillanty-silioogofgoch), um seine Anziehungskraft auf Touristen zu erhöhen. Dies blieb nicht ohne Wirkung, denn immer wieder steigen Touristen am Bahnhof aus, um sich neben dem kurios langen Bahnhofsschild fotografieren zu lassen.

❖ **Cardiff**

Cardiff ist Hauptstadt und größte Stadt von Wales. Etwa ein Fünftel der Waliser spricht noch Walisisch, eine keltische Sprache. Dass diese Sprache heute amtlich eine größere Rolle spielt als früher, zeigt auch der Bahnhof Cardiff Central. In großen Lettern ist auf der Fassade GREAT WESTERN RAILWAY zu lesen. Darüber in kleineren Neonbuchstaben Caerdydd Canolog sowie Cardiff Central. Auf dem Dach die britische Flagge, die von Wales und eine von British Rail. Eine Besonderheit des Bahnhofs: unter den 8 Gleisen ist ein Gleis 0, jedoch kein Gleis 5.

❖ **Blaenau Ffestiniog**

Die Begrenzungsmauern des Bahnhofs der walisischen Kleinstadt Blaenau Ffestiniog zieren spitze Schieferplatten, die Unbefugte vom Überklettern abhalten sollen. Die Platten weisen auf den Schieferbergbau hin, der lange die ökonomische Grundlage des einst größeren Ortes war. Heute wird der Tourismus immer wichtiger. Dazu trägt auch die Ffestiniog Railway bei, eine 21.7 km lange 597 mm-Schmalspurbahn zum Hafen von Porthmadog. Die 1836 gegründete Ffestiniog Railway ist die weltweit älteste noch bestehende Eisenbahngesellschaft und zudem die älteste noch betriebene Schmalspurbahn.

4.6 Nordirland

Belfast Central Railway Station

Belfast hat mehrere Bahnhöfe. Die *Central Railway Station* liegt trotz ihres Namens eher am Rande der Stadt. Denn sie ist nicht nach ihrer Lage, sondern nach der *Belfast Central Railway* benannt. Viel zentraler liegt der andere Bahnhof Belfasts, die *Great Victoria Street Station*.

Waterside Station

Seit zwei andere Endbahnhöfe der Stadt geschlossen wurden und es damit nur noch eine Station gab, heißt der Bahnhof von Londonderry nicht mehr *Waterside Station*, sondern Londonderry Station. Der Name ist dabei durchaus ein Politikum. Katholiken nennen die Stadt Derry, britentreue Protestanten dagegen Londonderry.

4.7 Republik Irland

Von Kingsbridge zu Heuston

Im Jahre 1966 wurden die Dubliner Bahnhöfe zum 50. Jahrestag der irischen Osteraufstände umbenannt, um an von den Briten im Jahre 1916 hingerichtete Aufständische zu erinnern. Der vormalige, 1848 eröffnete Kingsbridge Bahnhof im Westen Dublins wurde so zur Heuston Station (nach Sean Heuston, 1891-1916, benannt), der Bahnhof im Zentrum zur Connolly Station (James Conolly, 1868-1916).

Von Dublin nach Oslo

Im Connolly-Bahnhof von Dublin gibt es eine Bar namens *Oslo*. Anfang 2007 waren die Toiletten im Bahnhof wegen Reparaturarbeiten nicht zugänglich. Am Toiletteneingang hing ein Schild „Wegen Reparaturarbeiten geschlossen. Bitte benutzen Sie die Toiletten von Oslo".

Tralee - Europas westlichster Bahnhof

Von der Dubliner Heuston Station fahren Züge bis Tralee, dem westlichsten Bahnhof Europas. Er liegt nahe am 10. Längengrad westlich von Greenwich, und damit weiter westlich als etwa jeder Bahnhof Portugals. Als der Bahnhof 1859 eröffnet wurde, hieß er Tralee South. Wie die Bahnhöfe in Dublin wurde er 1966 ebenfalls nach einem irischen Aufständischen, der von den Briten 1916 hingerichtet wurde, benannt und hieß deshalb offiziell *Casement Station*. Doch anders als in Dublin gibt es in Tralee nur einen Bahnhof, deshalb hat sich die Bezeichnung nicht durchgesetzt und die örtliche Bevölkerung sagt einfach *Tralee Station*.

Die seltsame Bahn von Listowel

Von Tralee fahren Busse bis Listowel. Von dessen Bahnhof fuhr von 1888 bis 1924 die erste Einschienen-Schwebebahn der Welt, die *Listowel-Ballybunion Railway*. Nach ihrem Erfinder, dem Franzosen Charles Lartigue, der in der Wüste Algeriens im 19. Jahrhundert eine 90 km lange Strecke baute, wurde sie auch als Lartigue-Monorail bezeichnet. Die irische Einschienenbahn war jedoch nur 10 Meilen lang, ihr Bau kostete 30 000 Pfund. Bei Fahrten musste darauf geachtet werden, dass die links und rechts sitzenden Fahrgäste ungefähr das gleiche Gewicht hatten. Trotz dieser Balanceanforderungen wurden sogar Kühe transportiert. Im irischen Bürgerkrieg wurde die Bahn beschädigt und bald darauf stillgelegt. Als man 1988 des hundertjährigen Jubiläums der Bahn gedachte, bildete sich eine Bewegung, die sich für den Wiederaufbau einsetzte. Im Jahre 2003 war es schließlich soweit, in Listowel wurde 100 m vom ehemaligen Bahnhof entfernt, eine 1 km lange Einschienestrecke in Betrieb genommen.

★ **Bundoran und die Zeitenwende**

Die an der Küste Donegals im Nordwesten Irlands gelegene Kleinstadt Bundoran (1700 Einwohner) bekam 1866 einen Bahnhof. 1957 wurde der Bahnhof abgerissen und an seiner Stelle ein Parkplatz gebaut. Eigentlich schade, denn der Bahnhof hätte eine Gedenktafel verdient, schließlich ging von ihm, was selbst Eisenbahnexperten kaum bekannt sein dürfte, eine Zeitenwende aus, die sich noch heute auf die Fahrpläne der Eisenbahnen der Welt auswirkt. Und das kam so. Eines Tages, wir schreiben das Jahr 1872, war der schottische Eisenbahningenieur Sandford Fleming (1827-1915) in Bundoran. Um 17:25 wollte er mit dem Zug nach Belfast weiterreisen. Doch Fleming wartete vergebens auf den Zug. Denn im Fahrplan hatte sich ein Druckfehler eingeschlichen. Der Zug fuhr nicht um 5:25 p.m. ab, sondern um 5:25 a.m. Fleming war gezwungen, eine Nacht im kleinen Ort zu verbringen und begann nachzudenken, wie man die Auswirkungen so kleiner Druckfehler vermindern konnte. Da es auch bei den kanadischen Eisenbahnen, wo Fleming beschäftigt war (Fleming war beim Bau der ersten transkontinentalen Eisenbahn Kanadas involviert), Probleme mit Ortszeiten und Zeitzonen gab, kam Fleming auf die Idee einer Weltstandardzeit, der Universal Standard Time und der Einführung von Zeitzonen. Außerdem sollten in den Fahrplänen Stundenzahlen von 0-24, statt von 0-12 genutzt werden, statt 5:25 pm würde man also 17:25 schreiben, um Probleme wie sie Fleming in Bundoran erfahren hatte, zu vermeiden. 1879 schlug Fleming seine Universal Standard Time dem Royal Canadian Institute vor und bereits 1884 wurde die Universal Standard Time weltweit akzeptiert. Auch die noch heute gültigen Zeitzonen in den USA und Kanada gehen auf Fleming zurück. Kurioserweise hat der erfindungsreiche Fleming im Jahre 1850 bereits ein frühes Skateboard entworfen.

5. Südeuropa

5.1 Italien (mit San Marino und Vatikanstadt)

Der Bahnhof im Vatikan

Vatikanstadt ist zwar mit 0,44 km² das kleinste Land der Welt, verfügt aber dennoch über einen Bahnhof. Der Lateranvertrag des Jahres 1929 zwischen Italien und dem Heiligen Stuhl sah nämlich vor, dass der neue Staat mit einem Bahnanschluss versehen werden sollte. Im Jahre 1934 wurde die Strecke eröffnet. Dafür mussten die Mauern des Vatikans durchbrochen werden, ein großes Metalltor schließt seither die Durchfahrt ab. Innerhalb der Mauern des Vatikans gehört die dort 100 m lange Bahnlinie dem Heiligen Stuhl, außerhalb gehört die 600 Meter lange Neubaustrecke der italienischen Staatsbahn FS. Der italienische Staat zahlt die Infrastruktur und stellt die Fahrzeuge bereit, der Vatikan übernimmt die Betriebskosten. Die Strecke führt zum Bahnhof San Pietro, von dem es eine Verbindung zum einstigen Papstsitz Viterbo gibt. Jedoch hat die Bahnstrecke seit ihrer Eröffnung nur wenig Personenverkehr gesehen. Sie wird heute hauptsächlich genutzt, die Beschäftigten des Vatikans mit Gütern zu versorgen, dafür fahren Güterzüge mit im Durchschnitt 6 Waggons. Der relativ kleine Bahnhof Vatikanstadt ist innen mit Marmor, außen mit Travertin verkleidet. Im Jahre 2002 bestieg dort Johannes Paul II. einen Zug, der ihn nach Assisi bringen sollte. Wesentlich mehr Umsatz als dieser Bahnhof macht jedoch eine Tankstelle im Vatikan, an der ausgewählte Bürger Benzinsteuer befreit tanken dürfen.

San Marinos ehemalige Bahn

Während Hitler auf Straßenbau setzte, galt der italienische Diktator Mussolini (1883-1945) als Eisenbahnfan. Noch heute gibt es in Italien den Ausspruch, dass unter Mussolini wenigstens die Züge pünktlich fuhren. Unter dem 'Duce' wurden auch der Vatikan und San Marino ans Bahnnetz angeschlossen, zum Teil um medienwirksam Aufbauleistungen feiern zu können. Im Dezember 1928 begannen die Bauarbeiten für eine windungsreiche elektrifizierte Schmalspurbahn von Rimini nach San Marino Stadt. Die 32 km lange Bahnlinie wurde bereits 1932 eröffnet. Durch ein Bombardement der Alliierten wurde die Bahnstrecke jedoch im Jahre 1944 zerstört. Zwischen 1958 und 1960 wurde die Linie abgebaut, teilweise musste sie einer Schnellstraße weichen, ein kurzes Stück wurde zum Radweg umgebaut. In der Unterstadt San Marinos (eine Seilbahn verbindet diese mit der Oberstadt) finden sich noch Überreste des ehemaligen Bahnhofsgebäudes.

Milano Centrale - das imitierte Imitat

Anfang des 20. Jahrhunderts versuchten neue monumentale Kopfbahnhöfe in Europa und Nordamerika sich gegenseitig zu übertreffen. Auch die Baustile wurden gegenseitig kopiert. Der Hauptbahnhof von Mailand, dessen Fertigstellung sich durch politische und wirtschaftliche Gründe lange verzögerte, sollte der letzte Paukenschlag der Bahnhofsarchitektur werden, der Versuch, andere Bahnhöfe nochmals zu übertrumpfen. Vorbild des 1935 eröffneten monumentalen Bahnhofs war die Union Station in Washington, die wiederum römische Architekturvorlagen wie den Konstantinsbogen nutzte. Der Architekturstil des Bahnhofs von Mailand als ein wie ein Hefeteig aufgegangenes Imitat einer amerikanischen Kopie römischer Architektur konnte schließlich nur noch schwer eingeordnet werden und wurde als *assiro-milanese* (assyro-mailändisch) beschrieben. Der Baustil wird manchmal Mussolini zugeschrieben, doch damals baute man in Italien bereits moderner, wie der 1934 fertig gestellte Bahnhof Santa Maria Novella in Florenz zeigt.

Roma Termini und die Osram-Lampe

Roma Termini ist mit fast einer halben Million Nutzern pro Tag der belebteste Bahnhof Südeuropas. Bereits in den 1930er Jahren wurde mit dem Neubau des auf dem Esquilin-Hügel gelegenen Kopfbahnhofs begonnen und nach Plänen des Architekten Mazzoni Seitengebäude errichtet. Das Hauptempfangsgebäude wurde jedoch erst Anfang der 50er Jahre verwirklicht, in modernem Stil. Dieses wegweisende Gebäude erhielt später den Spitznamen *dinosauro*. Bei aller Moderne ergab sich jedoch kein markanter Treffpunkt. Dieser wurde von den Besuchern jedoch vor dem Platz in Form einer hohen Leuchte gefunden, die als *Lampada Osram* erst Treffpunkt sardischer, später asiatischer Einwanderer wurde. Diese Lampada kommt auch in italienischem Liedgut vor.

Der flache Bahnhof Neapels

1954 wurde ein Wettbewerb für die Neugestaltung der Anlagen des Hauptbahnhofs von Neapel am Piazza Garibaldi veranstaltet. Wichtige italienische Architekten wie Battaligni, der beim Bau von Roma Termini beteiligt war, und der Eisenbahnarchitekt Roberto Narduzzi nahmen daran teil. Auch der berühmte Ingenieur Pier Luigi Nervi sah eine hohe Halle vor. Doch keiner dieser Vorschläge wurde verwirklicht, denn man wollte die Sicht auf den Vesuv nicht verstellen. So entwarf das Baubüro der italienischen Bahn schließlich selbst einen Bahnhof, der eigentlich nur aus einem flachen Dach besteht.

❖ Napoli Afragola- Kathedrale in der Wüste

In Neapels Vorort Afragola entstand bis 2017 ein von der britisch-irakischen Architektin Zaha Hadid entworfener Hochgeschwindigkeitsbahnhof. Auch dieser spektakuläre Bahnhof duckt sich in die Landschaft Kampaniens. Durch seine schlechte Anbindung sehen ihn manche als Fehlplanung, als *Kathedrale in der Wüste.*

Turin - die späte Bahnhofsfeier

Der Turiner Bahnhof Porta Nuova ist mit über 190 000 Reisenden pro Tag der am drittstärksten frequentierte Bahnhof Italiens (nach Roma Termini und Milano Centrale). Erst im Februar 2009 wurde der Bahnhof offiziell eingeweiht. Dabei fuhren bereits im Dezember 1864 die ersten Züge aus dem Bahnhof ab. Doch damals war den Turinern die Lust am Feiern vergangen. Denn es wurde bekannt, dass Turin, welches seit 1861 italienische Hauptstadt war, ab 1865 die Hauptstadtfunktion an das zentraler gelegene Florenz verlieren würde.

Das Denkmal am Brenner

Das größte Werk des schwäbischen Eisenbahningenieurs Karl Etzel war die von 1864-1867 errichtete Brennerbahn. Doch Etzel sollte ihre Fertigstellung nicht erleben. Im November 1864 hatte er einen ersten Schlaganfall. Deshalb bat er um seine Entlassung und plante, sich in Stuttgart-Bad Cannstatt in der von ihm entworfenen Villa Etzel zur Ruhe zu setzen. Doch als er im Mai 1865 im Zug von Wien nach Stuttgart saß, hatte er einen zweiten Schlaganfall und musste die Reise im Bahnhof Kemmelbach unterbrechen, wo er kurze Zeit später starb. Etzels Grabmal auf dem Stuttgarter Pragfriedhof wurde aus verschiedenen Gesteinen vom Brenner errichtet. 1892, zum 25. Jubiläum der Brennerbahn, wurde Etzel am Bahnhof Brenner ein Denkmal gesetzt. Dort geht es am Bahnsteig beengt zu, aber unter einem Bogen des Bahnsteigdaches fand man noch Platz für die Büste. Nach dem Ersten Weltkrieg kam Südtirol und damit der Bahnhof Brenner zu Italien. Die Italiener ließen es sich nicht nehmen, der deutschen Inschrift am Etzel-Denkmal eine italienischsprachige Version hinzuzufügen.

Bruno Bruni und Gradara

Gradara ist ein sehr einfacher Bahnhalt an der Hauptstrecke von Rimini nach Ancona. Steigt man hier aus, sieht man ein dicht an den Gleisen stehendes Bahnwärterhäuschen. Hier wuchs der 1935 geborene italienische Maler und Grafiker Bruno Bruni auf, der heute zu den bekanntesten in Deutschland lebenden italienischen Künstlern zählt. Sein Vater hatte als Kriegsversehrter des Ersten Weltkrieges die Stelle als Bahnwärter bekommen, um ein Auskommen zu haben. Wenn Züge dicht am Haus vorbeifuhren, wackelten die Tassen am Küchentisch der Brunis. Doch Bruno hatte sich als Kind so an die Züge gewöhnt, dass er später ohne Eisenbahnlärm nicht einschlafen konnte. Später lernte er im Bahnhof von Hannover seine heutige Lebenspartnerin kennen.

Bologna und der Anschlag

Bologna ist ein zentraler Knoten im italienischen Eisenbahnnetz. Hier kreuzen sich wichtige Nord-Süd und Ost-Westlinien. Neofaschistische Terroristen wählten den Bahnhof deshalb 1980 für einen verheerenden Anschlag aus, mit dem Ziel, das Land zu erschüttern. Am 2. August 1980 explodierte in einem an der Wand des Warteraumes stehenden Koffer eine 20 kg-TNT-Bombe. 85 Menschen, darunter viele Touristen auf der Durchreise, starben. 200 Personen wurden verletzt. Der von der Stadtseite aus gesehen rechte Flügel des Bahnhofsgebäudes wurde vollständig zerstört. Der mittlere Gebäudetrakt blieb weitgehend intakt. Die Bahnhofsuhr auf der linken Seite dieses mittleren Gebäudeteiles blieb zum Zeitpunkt der Explosion (10:25) stehen. Sie wurde nicht mehr in Gang gesetzt und erinnert so noch heute an die Uhrzeit als die Gräueltat passierte.

Foggia und der Stalagmit

Im karstreichen Apulien gibt es zahlreiche Höhlen. Die größte, die Grotte di Castellana, wurde erstaunlicherweise erst 1938 entdeckt. Bereits vorher war ein Loch in der Erde bekannt, welches die lokale Bevölkerung jedoch als Müllhalde nutzte. Als der Höhlenforscher Franco Anelli am 23. Januar 1938 die Höhle entdeckte, brauchte man noch 12 Jahre, um den ins Loch geworfene Müll zu beseitigen. Heute ist die Höhle eine wichtige Touristenattraktion Apuliens, etwa 3 km können begangen werden.

In der Bahnhofshalle von Foggia weist ein Stalagmit auf den Höhlenreichtum Apuliens hin. Dabei liegt Foggia über 100 km von Castellana Grotte entfernt. Einen solchen Stalagmiten ortsnäher in Bari aufzustellen, wäre passender.

Triest Centrale und sein deutscher Architekt

Die Architektur des Hauptbahnhofs von Triest (Triest Centrale) wirkt italienisch. Sein Architekt Wilhelm von Flattich kam jedoch aus Stuttgart und der Bahnhof wurde 1878 für die österreichische Südbahn, deren Endstation er war, auf aufgeschüttetem Gelände errichtet. Triest gehörte damals noch zu Österreich und war wichtiger Hafen des k.u.k-Reiches.

Triest Campo Marzio

Mit dem Staatsbahnhof, ab 1923 Campo Marzio genannt, hatte Triest einst einen sogar noch repräsentativeren Bahnhof. Der war Endbahnhof der staatlichen Wocheinerbahn, auch Karstbahn genannt, die von Jesenice durch slowenisches Hinterland nach Triest führte. Mit der Zerschneidung durch neue Staatsgrenzen (Jugoslawien) nach dem 1. Weltkrieg verlor die Strecke an Bedeutung und der Bahnhof wurde 1959 stillgelegt. Heute befindet sich im renovierungsbedürftigen Gebäude ein Eisenbahnmuseum.

5.2 Spanien

Der Bahnhof mit dem silbernen Gleis

Die erste Bahnlinie des spanischen Königreiches wurde 1837 in Kuba eröffnet. 1848 folgte zwischen Barcelona und Mataro die erste Bahnlinie der iberischen Halbinsel. Die ersten von Madrid ausgehenden Eisenbahnschienen wurden 1851 nach Aranjuez verlegt, wo sich ein königlicher Palast befand. Allerdings verlangte die Königin, dass der Palast durch Schienen aus Silber erreicht werden sollte. Dem kam man auf den letzten Metern nach. Doch schon am nächsten Tag wurden die Silbergleise durch solche aus Eisen ersetzt. Diese Eisenbahnlinie sollte dennoch bei Madrilenen populär werden. Denn in der Gegend von Aranjuez wuchsen leckere Erdbeeren. So hatten die Verbindung bald den Spitznamen *Tren de las Freses*, Erdbeerzug, also.

Madrid Atocha und der Tunnel

Der Atocha Bahnhof im Süden Madrids, ist mit 450 000 Fahrgästen pro Tag (einschließlich der U-Bahnfahrgäste) der größte Bahnhof der iberischen Halbinsel. Eine unterirdische Bahnlinie verbindet ihn mit dem Nordbahnhof Chamartin. Der Bau dieses Bahntunnels zog sich so lange hin, dass er von den Madrilenen den Spitznamen *Tunel de la Risa* (lachhafter Tunnel) bekam. Zur Expo 92 wurde eine Schnellbahnverbindung nach Sevilla eingerichtet. Pflanzen aus dem botanischen Garten der Expo wurden später in die Bahnhofshalle gebracht, so dass Atocha eine der wenigen Bahnhofshallen mit Palmen ist. Allerdings bringt das tropische Ambiente Madrilenen auf die Idee, hier nicht mehr gewünschte Schildkröten auszusetzen. In den Bassins wurden zeitweise bereits mehr als 150 Schildkröten gezählt.
☞ Am 11. März 2004 stand der Bahnhof wegen eines Terroranschlags weltweit in den Schlagzeilen. Heute erinnert ein Denkmal vor dem Bahnhof an die Opfer.

Segovia-Guiomar

Als man einen Namen für den weitab vom Stadtzentrum gelegenen neuen Hochgeschwindigkeitsbahnhof von Segovia suchte, gab es folgende Kriterien: es sollte ein weiblicher Name sein, er sollte etwas mit der Geschichte der Stadt zu tun haben und keine religiösen Konnotationen haben. Der von der Stadt vorgebrachte Vorschlag Isabel la Catolica schied deshalb aus. Schließlich einigte man sich auf Guiomar. Guiomar ist eine Figur im Werk des spanischen Schriftstellers Antonio Machado(1875-1939). Machado kam oft mit dem Zug in Segovia an, verbrachte hier etliche Jahre und hatte dort eine heimliche Geliebte: die verheiratete Mutter von drei Kindern Pilar Valderrama. In seinen Büchern nannte er sie Guiomar.

Canfranc - der Geisterbahnhof

Anfang des 20. Jahrhunderts gab es das Projekt einer schnellen Verbindung zwischen Paris und Madrid, die auf kürzester Strecke die Pyrenäen überqueren sollte. Da Frankreich Normalspur, Spanien dagegen Breitspur hatte, war ein Umsteigebahnhof notwendig. Als günstigster Ort dafür wurde ein Plateau nördlich des kleinen spanischen Dorfes Canfranc, also südlich des Pyrenäenkammes, ausgemacht. Da mit mehreren tausend Passagieren pro Tag gerechnet wurde und Umsteige- und Zollformalitäten abgewickelt werden mussten, wurde der 1925 eröffnete Bahnhof, mit dessen Bau 1915 begonnen worden war, entsprechend großzügig angelegt. Fahrgäste sollten an einem Bahnhofsende aussteigen und nach Durchlaufen der Grenzformalitäten am anderen wieder einsteigen können. Doch durch die Weltwirtschaftskrise und die politischen Verhältnisse vor dem Zweiten Weltkrieg war das Verkehrsaufkommen weit geringer als erwartet.

Im Zweiten Weltkrieg hielten sich Gerüchte, wonach die Nazis hierher heimlich Goldschätze brachten. Nach dem Krieg war die Linie weiter in Betrieb, diente aber nicht mehr dem internationalen Schnellverkehr. Als auf französischer Seite 1970 eine Brücke einstürzte, war es mit dem internationalen Verkehr ganz vorbei. Der alte Eisenbahntunnel wurde schließlich beim Bau des Somport-Straßentunnels genutzt und beherbergt heute ein unterirdisches Labor. In der Station wurden auch Szenen des in Russland spielenden Films *Doktor Schiwago* gedreht. Canfranc ist heute lediglich Endhaltepunkt weniger Regionalzüge von Zaragoza. Das Bahnhofsgebäude steht leer und wird immer wieder von Eisenbahnenthusiasten erkundet. Mit der Restauration ist mittlerweile begonnen worden.

Miranda de Ebro und der Priester

Miranda de Ebro ist ein wichtiger Eisenbahnverkehrsknoten in Nordspanien. Hier kreuzen sich die Bahnlinien Irun-Madrid und Bilbao-Barcelona. Um das oberirdische Queren der Schienen zu verhindern, wurden hier schon früh Unterführungen zu den Bahnsteigen angelegt. Allerdings mussten sich die Fahrgäste noch daran gewöhnen. Eines Tages, wir schreiben das Jahr 1971, gab es folgende Lautsprecherdurchsage: *'Sehr geehrte Fahrgäste, der Schnellzug von Bilbao nach Saragossa wird in Kürze auf Gleis 2 einfahren. Bitte die Gleise nicht überschreiten, benutzen Sie bitte die Unterführungen.'* Doch da kam ein Priester in einer Soutane und mit einem Koffer dahergeeilt und lief einfach über das Gleis. Er hatte die Ansage wohl nicht gehört. Das in der Leitstelle des Bahnhofs sitzende Personal muss ihn wohl gesehen haben, denn plötzlich schallte es durch den Bahnhof, *„Und dieser Mistkerl von Priester rennt auch noch als erster über die Gleise".* Die Bahnbeamten hatten vergessen, das Mikrofon abzuschalten.

Valencias Nordbahnhof

Der Bahnhof von Valencia, vom spanischen Architekten Demetrio Ribes entworfen und 1917 in einer Mischung aus Wiener Sezession, maurischen Elementen und Jugendstil eröffnet, weist neben seinem Baustil mehrere Merkwürdigkeiten auf.

Zum einen heißt er Nordbahnhof (Estacion de Norte), obwohl er südlich der Innenstadt liegt. Zum anderen heißt die zugehörige U-Bahnhaltestelle nicht Nordbahnhof sondern Xativa. An seiner Fassade sind zudem nicht weniger als 400 Orangen zu sehen - Valencia liegt in einer entsprechenden Anbaugegend. Merkwürdig ist auch, dass an den Wänden der Schalterhalle `Gute Reise´- Wünsche in 8 Sprachen angebracht sind (darunter auf Deutsch, als, eher unüblich, `*Glückliche Reise´*), allerdings nicht in der damaligen internationalen Verkehrssprache Französisch.

Valencia Nordbahnhof

Linares und der umgedrehte Waggon

Alter Bahnhof von Linares (Bild: Escuela de Estudios Flamencos)

Die spanische Stadt Linares lag einst an der Fernzugstrecke Marid-Cordoba-Sevilla. Seit Eröffnung der Hochgeschwindigkeitsstrecke Madrid-Sevilla fahren jedoch die meisten Fernzüge an der Stadt vorbei. Sechs langsamere Fernzüge verbinden den Bahnhof Linares-Baeza jedoch weiterhin mit Madrid. Vom alten Bahnhof der Stadt fahren jedoch keine Züge mehr ab. Dieser beherbergt mittlerweile ein Konservatorium, das sich dem Studium des Flamenco widmet. Das ehemalige Bahnhofsgebäude hat zwei Eckürmchen mit runden Fenstern, die Eisenbahnrädern ähnelten. So sah das obere Stockwerk des Bahnhofs aus, wie ein auf dem Rücken liegender Eisenbahnwaggon. Manche meinen, dies wäre Absicht des Architekten Narciso Claveria gewesen.

Sevilla und die kalte Dusche

Im 1977 gedrehten letzten Film des mexikanischen Regisseurs Luis Buñuel (1900-1983) ‚*Das obskure Objekt der Begierde*' schüttet der Protagonist Mathieu, ein reiferer französischer Liebhaber, der von ihm begehrten jungen

Spanierin Conchita vor der Abfahrt des Zuges nach Paris im Bahnhof von Sevilla einen Eimer Wasser über den Kopf. Anschließend muss er den anderen Fahrgästen im Abteil seine Tat erklären.

Bilbao - die Stadt der Verkehrssehenswürdigkeiten

Die baskische Industriestadt Bilbao ist für ihr spektakuläres Guggenheim-Museum bekannt. Ebenso kann Bilbao als Stadt der verkehrlichen Sehenswürdigkeiten gelten. In, Bilbao gibt es nicht nur eine Straßenbahn und eine U-Bahn, sondern auch eine Schwebefähre und Standseilbahnen. Zudem hat Bilbao gleich zwei Bahnhöfe, die zu den sehenswertesten Europas gehören. Der Abando-Bahnhof mit seinem großen Glasmosaik und der 1902 erbaute Concordia-Bahnhof mit seiner fein ziselierten Fassade aus der Belle Epoque-Zeit.

Concordia Bahnhof in Bilbao (Bild: Wikipedia)

5.3 Portugal

Lissabons vielfältiger Verkehr

Lissabon ist verkehrstechnisch eine interessante Stadt, denn es gibt eine kaum von einer anderen Stadt erreichte Vielzahl von Verkehrsmitteln. Neben modernen und altertümlichen Straßenbahnen gibt es Standseilbahnen, eine Seilbahn (zurzeit stillgelegt), einen frei stehenden Aufzug, U-Bahnen und Fähren. Im Eisenbahnverkehr gibt es zudem S-Bahnen, 3 Kopfbahnhöfe und weitere Fernbahnhöfe, darunter die zur Expo 98 vom spanischen Architekten Santiago Calatrava errichtete moderne Station *Oriente*. Die massiven Betonstrukturen im Innern des Bahnhofs geben einem das Gefühl, sich in einem Skelett eines Dinosauriers zu bewegen.

Innenleben des Bahnhofs Oriente in Lissabon

Lissabons unglücklicher Bahnhof
Der Cais do Sodre Bahnhof in Lissabon kann als vom Pech verfolgter Bahnhof gelten. In den 50er Jahren stürzte ein Leuchtturm an der vom Bahnhof ausgehenden S-Bahnlinie nach Cascais, dem westlichsten Bahnhof auf dem europäischen Festland, ein und tötete 8 Passagiere. 1961 ließ ein Terrorist im Bahnhof einen Bombe hochgehen. Im Mai 1963 wiederum erschütterte ein lauter Krach die Innenstadt. Das Bahnhofsdach stürzte ein und tötete 49 Menschen. Kräne und andere Maschinen mussten von der im Bau befindlichen Ponte Abril abgezogen werden, um die Trümmer zu heben. Beim U-Bahnbau am Bahnhof gab es später Bodenrutschungen, die die Fertigstellung verzögerten.

☞ Aber auch mit dem im neomanuelitischen Stil 1890 errichteten Kopfbahnhof Rossio klappt nicht alles. Der ist bis 2006 stilsicher renoviert worden, konnte jedoch bis Frühjahr 2008 nicht eröffnet worden, da sich die Sanierung des Tunnels zum Bahnhof verzögerte. Die Baufirma sprach bereits vom Jahr 2011, doch wurde auf eine raschere Fertigstellung gedrängt. Wegen Problemen mit dem Tunnelbau, verzögerte sich auch der U-Bahn-Anschluss des Santa Apollonia Kopfbahnhofs.

Porto São Bento
1903 wurde der Bahnhof Porto São Bento in französischem Renaissancestil eröffnet. Bekannt ist dieser Kopfbahnhof durch die 20 000 blauen Kacheln (Azulejos) in der Eingangshalle, die Szenen der portugiesischen Geschichte zeigen. Die Topographie Portos ist kompliziert und so verschwindet die aus dem Bahnhof führende Eisenbahnlinie gleich in einem Tunnel und überquert wenig später den Fluss Douro auf einer Betonbrücke, die in den 90er Jahren eine von Gustav Eiffel erbaute Eisenbrücke ersetzte. Als man im 19. Jahrhundert die Innenstadt anschließen wollte,

gab es mehrere Trassenvorschläge. Als ein Tunnel bereits fertig gestellt war, entschied man sich wieder für eine neue Trasse und der Bau wurde zu einem Weinkeller für den örtlichen Portwein umfunktioniert.

Porto São Bento

Portugal und die Bahnhofsinsekten

Portugal hat ein relativ kleines Bahnnetz von nur etwa 2600 km und mit EU-Mitteln wurden große Teile davon, einschließlich der Bahnhöfe in den letzten beiden Jahrzehnten saniert. Die glatten Granitböden glänzen richtig, doch das wird vielen Insekten zum Verhängnis, wie sich in den Wartesälen mancher Provinzstation beobachten lässt. Denn die Insekten fliegen nachts gegen die Neonröhren an den Decken an. Benommen davon fallen sie auf den Boden und bleiben auf dem Rücken liegen. Wie sie sich auch winden, der glatte Boden biete ihnen keinen Ansatz, Halt zu bekommen und sich umdrehen zu können. So drehen sich die Insekten bis die Lichter ausgehen auf den Böden mancher Schalterhalle.

5.4 Griechenland

Saloniki

Während die Hauptstadt Athen nur über einen relativ kleinen Bahnhof verfügt, die Larissa Station, besitzt Saloniki einen wirklichen Hauptbahnhof mit dem größten Empfangsgebäude des Landes. Errichtet wurde er unter Premierminister Metaxas, der von 1936-1941 das Land zunehmend diktatorisch regierte. Beeindruckt von den neuen Bahnhofsbauten im Italien Mussolinis wollte er auch in Griechenland etwas Monumentales vorweisen können. Vor dem wuchtigen Bahnhof mit seinen glatten Fassaden steht allerdings eine relativ bescheidene Dampflok, die an die Anfänge der Eisenbahn in Griechenland erinnert. Im Bahnhof selbst gibt es sogar eine orthodoxe Kapelle.

Volos - der ehemalige Schmalspurknoten

Das mittelgriechische Volos (heute 82 000 Einwohner) war lange ein nur kleiner Ort, aber als Thessalien 1881 vom Osmanischen Reich zu Griechenland zurück kam, begann eine schnelle Entwicklung der Stadt. Bald wurde auch ein Bahnhof gebaut und sein ungriechischer Stilmix mit Balkan- und orientalischen Elementen verwundert noch heute. Für die Architektur zeichnete der italienische Ingenieur Evaristo de Chirico verantwortlich. Sein in Volos geborener Sohn Giorgio de Chirico (1888-1978) wurde später in Italien zu einem berühmten surrealistischen Maler. Eine weitere Besonderheit des Bahnhofs von Volos war früher das Zusammentreffen dreier Spurweiten - einer Normalspurlinie, einer Meterspurlinie, und der 600 mm-Schmalspurlinie Volos-Milies, der Mt. Pelion Railway. Von letzterer ist der Abschnitt Lechonie-Miles noch vorhanden und wird an Wochenenden für Touristenzüge genutzt.

☞ Ein anderer von Chirico erbauter Bahnhof findet sich in Ana Lechonia 11 km östlich von Volos.

5.5 Zypern und Malta
Famagustas Dampflokomotive
In Zypern gibt es heute keinen Schienenpersonenverkehr. Vor dem Grundbuchamt in Famagusta, im türkischen Teil der Insel steht jedoch eine Dampflokomotive, die darauf hinweist, dass es einst auf der Insel Bahnverkehr gab. Das Grundbuchamt befindet sich nämlich in einem ehemaligen Bahnhofsgebäude und von Famagusta verlief die 60 Kilometer lange Schmalspurbahn (762 mm) nach Nikosia und weiter nach Morphou. Diese Strecke wurde vor allem für den Güterverkehr genutzt, denn Zypern war reich an Bodenschätzen (der Name der Insel, Kypros, leitet sich vom griechischen Wort für Kupfer ab). Am 31. Dezember 1951 verließ der letzte Personenzug Nikosia. Die Trasse der Bahn liegt heute in der UN-Pufferzone, von den Schienen ist nichts mehr zu sehen. Die Bahn führte auch durch den Famagusta-Badevorort Varoscha, welcher durch die Teilung nach 1974 den Charakter einer Geisterstadt annahm.

Maltas kurzlebige Bahn
Wie Zypern hatte auch Malta einst eine Eisenbahn. Diese verband La Valetta mit Notabile im Innern der Insel. Sie wurde 1883 eröffnet, aber bereits 1931 stillgelegt. Im Jahre 1903 wurde zudem eine Straßenbahn von der Hauptstadt ins Hinterland eröffnet, die aber auch schon 1929 wieder stillgelegt wurde. Die Schienen beider Verkehrsmittel sind verschwunden und der Bahnhof in Valetta wurde im Zweiten Weltkrieg bombardiert. Doch die Trasse in die Altstadt, die über eine Brücke in einen Tunnel und einen Einschnitt an der Stadtmauer führte, in dem der Bahnhof der Stadt lag, sind heute noch zu sehen.

Das dicht besiedelte und hoch motorisierte Malta erstickt heute im Straßenverkehr und die Wiedereinführung einer Straßenbahn wird deshalb diskutiert.

6. Mittel- und Osteuropa

6.1 Polen

Warschau Zentralbahnhof

Im Krieg wurde von den Deutschen fast ganz Warschau zerstört. Die Altstadt und das Schloss wurden später originalgetreu wieder hergestellt, doch beim Zentralbahnhof entschied man sich für einen Neubau (der Vorgängerbau war auch erst 1939 eröffnet worden). Mit dem Bau wurde 1972 begonnen, und bereits zum Besuch Leonid Breschnews im Jahre 1975 sollte der Bahnhof fertig sein. Entsprechend hastig wurde gebaut. Bereits kurz nach der Eröffnung zeigten sich deshalb erste Schäden. Der grobschlächtige Bau gilt heute als weißer Elefant in der westlichen Innenstadt, steht durch das Einkaufszentrum Zlote Tarasy mittlerweile jedoch nicht mehr so verloren da. Zur Zeit seiner Eröffnung glänzte der Bahnhof noch mit Innovationen, die im Ostblock selten waren, wie Rolltreppen oder automatischen Türen. Doch gibt es bis heute nicht mal Fahrkartenautomaten im Bahnhof. Seit der Wende ging es mit dem Bahnhof eher bergab. Die Konkurrenz durch den Straßen-, Luft- und Busverkehr hat die Fahrgastzahlen im Bahnverkehr deutlich reduziert. Eigentlich sollte nach der Fußball-EM 2012 das Bahnhofsgebäude abgerissen werden, doch es steht noch immer.

★ Breslau (Wroclaw) Hauptbahnhof

Breslau (Wroclaw) hat einen schönen Hauptbahnhof, der den Krieg fast unbeschadet überstand, jedoch manchmal unter Überschwemmungen litt. Im Bahnhof erinnert eine in den Boden eingelassene Platte (1997 vom polnischen Regisseur Andrzej Wajda enthüllt) an einen tragischen Unfall, der sich hier 1967 zutrug. Der Schauspieler Zbigniew Cybulski (1927-1967) war in Polen sehr populär und galt als polnischer James Dean. Während James Dean 1955 bei einem Autounfall ums Leben kam, starb Cybulski 1967 ebenfalls an einem verkehrsbezogenen Unfall. Während James Dean jedoch in einem Porsche verunglückte, war es bei Cybulski den sozialistischen Umständen entsprechend ein Zug, der ihn das Leben kostete: Cybulski versuchte heldenhaft auf den anfahrenden Zug nach Warschau aufzuspringen, rutschte dabei jedoch aus und geriet unter dessen Räder.

Danzig (Gdansk) Hauptbahnhof

Der Turm des Danziger Hauptbahnhofs ahmt ein wenig die Architektur des Turms des Rechtsstädtischen Rathauses der Stadt nach. Dieses war ursprünglich in gotischem Stil erbaut worden, nach einem Brand aber im 16. Jahrhundert im Stil des Manierismus (Übergang Renaissance-Barock) umgebaut worden.

Vor dem Danziger Bahnhof ist ein vom Bildhauer Frank Meisler (*1929) geschaffenes Denkmal für die Kindertransporte zu sehen. Meisler selbst gelang mit anderen jüdischen Kindern im August 1939 die Flucht im Viehwaggon von Danzig über Berlin nach London.

Lodz und die Bahnhofsnamen

Der 1868 von Adolf Schimmelpfennig erbaute Kopfbahnhof von Lodz wurde ab 1945 *Lodz Fabryczna* genannt (Lodz Fabrik), denn unweit vom Bahnhof gab es etliche Textilfabriken. Im 19. Jahrhundert hatte die Entwicklung zur Textilstadt etliche Unternehmer angezogen, darunter den Rheinländer Karl Scheibler, der in Lodz zum Industriebaron geworden, den Bahnanschluss der Stadt und den Bahnhofsbau propagierte. Seine Heimatstadt Montjoie wurde, weil der Name zu französisch klang, 1918 in Monschau umbenannt. Seine neue Heimat Lodz sollte unter den Nazis ebenfalls umbenannt werden, und der Bahnhof selbst wurde

zu *Litzmannstadt Mitte*. Lodz heißt übrigens ´Boot´ und ein solches findet sich auch auf dem Stadtwappen.
Heute befindet sich der Bahnhof Lodz *Fabryczna* im Umbau. Eine neue Bahnlinie ist hier projektiert, die Stadt soll unterirdisch durchfahren werden.

Der Bahnhof von Kutno

Kutno ist einer der wichtigsten Bahnhöfe im Bezirk Lodz. Einen guten Ruf hat er jedoch nicht. Die polnische Rockband *Kult* sang über ihn:

‚*Warst du jemals nachts im Bahnhof von Kutno?*
Dort ist es so schmutzig und hässlich,
dass dir die Augen übergehen.'

Posen

Am 25. November 2006 enthüllte der polnische Journalist und Reiseschriftsteller Ryszard Kapuscinski (1932-2007) in der Eingangshalle des Posener Bahnhofs eine Gedenktafel für den in Posen an Malariafolgen gestorbenen Weltenbummler Kazimierz Nowak (1897-1937). Von 1931 bis 1936 durchmaß Nowak allein zu Fuß und per Fahrrad Afrika von Nord nach Süd und legte dabei 40 000 km zurück. Die Gedenktafel im Bahnhof zeigt seine Reiseroute durch den Schwarzen Kontinent.

Korschen und die Suppe

Korschen (heute Korsze/Polen) war vor dem Zweiten Weltkrieg ein Eisenbahnknoten in Ostpreußen. Hier fassten die Dampfloks Wasser. Züge nach Berlin hatten durch das Wasserfassen 20 Minuten Aufenthalt, Zeit nur für eine Zwischenmahlzeit. Die Bahnhofsgaststätte stellte sich darauf ein und bot eine schmackhafte Suppe an. Diese war bald so bekannt war, dass ein Hotel in Berlin ‚*Kartoffelsuppe à la Korschen*' auf der Speisekarte hatte.

6.2 Tschechien

Prag - die vielen Namen des Bahnhofs

Der Prager Hauptbahnhof hat bereits viele Namen gehabt. Als er 1871 eröffnet wurde, war Böhmen noch ein Teil Österreichs und der Bahnhof hieß Kaiser-Franz-Joseph-Bahnhof. Der Komponist und Bahnfan Anton Dvorak besuchte oft den Bahnhof, um Züge zu beobachten. Nach dem Ersten Weltkrieg wurde Tschechien zusammen mit der vorher zu Ungarn gehörenden Slowakei als Tschechoslowakei unabhängig und aus Dankbarkeit gegenüber dem amerikanischen Präsidenten Woodrow Wilson (1856-1924) wurde der Bahnhof Wilson-Bahnhof genannt. Unter der deutschen Besatzung und auch nach dem Krieg hieß der Bahnhof dann einfach Hauptbahnhof, auf Tschechisch hlavni nadrazi. Nach 1989 gab es Bestrebungen, den Bahnhof wieder in Wilson-Bahnhof umzubenennen, doch bahnamtlich hat sich am Namen nichts geändert. Architekten wiederum bezeichnen den Bahnhof auch als Fanta-Bahnhof. Und dies nicht nach einem Getränk, sondern nach dem Architekten Josef Fanta (1856-1954), der den Bahnhof 1901-1909 im Jugendstil umbaute. Heute ist der Jugendstilteil von der Stadt durch eine Stadtstraße abgetrennt und man muss ihn durch ungemütliche unterirdische Ebenen betreten. Mittlerweile ist ein Umbau in Gange, der den alten Bahnhof wieder besser erlebbar machen soll.

Sherwood Forest in Prag

Vor dem Prager Hauptbahnhof gibt es einen kleinen Park, der lange Sammelpunkt von Obdachlosen und Drogensüchtigen war. Wegen des Unsicherheitsgefühls gaben ihm die Prager den Spitznamen *Sherwood Forest* - denn hier wird unter Umständen wie bei Robin Hood von den einen (Passanten) genommen und den anderen gegeben.

★ **Anton Dvorak und der Franz Josephs-Bahnhof**
Der tschechische Komponist Anton Dvorak (1841-1904) galt als Eisenbahnfan. Oft ging er zum Prager Hauptbahnhof, um die Nummern durchfahrender Lokomotiven zu notieren. Auch seine Studenten fragte er nach Lokomotivnummern. Eine Stelle in den USA wurde ihm dadurch schmackhaft gemacht, dass ihm gesagt wurde, er könne ja dann die Lokomotiven des New Yorker Bahnhofs beobachten. 1892 trat er den Posten eines Direktors des National Conservatory of Music in New York an. Doch New York enttäuschte ihn, denn im damaligen Grand Central Depot war das Beobachten von Zügen gar nicht möglich. 1895 ging Dvorak nach Prag zurück. Anfang 1904 besuchte er den Prager Franz-Joseph-Bahnhof, um Züge zu beobachten. Mit einer Erkältung kam er in seine Wohnung zurück. Kurze Zeit später verstarb der Komponist und Lokomotivfan.
☞ 1919 wurde übrigens die Franz Joseph-Statue aus der in Wilson-Bahnhof umbenannten Station entfernt.

Prags Tesnov-Bahnhof
Prag wurde vom Zweiten Weltkrieg verschont, betrauert aber doch den Verlust eines Bahnhofs, der einst als einer der schönsten Europas galt. Das Empfangsgebäude des Tesnov-Bahnhofs wurde 1985 in die Luft gesprengt, um Platz für eine Hochstraße zu schaffen. Die erste Sprengung misslang allerdings, ein Teil der Mauer blieb stehen und ein Wandgemälde mit der Aufschrift *Prag* war symbolträchtig noch zu sehen. Der Bahnhof wurde 1875 vom österreichischen Architekten Schlimp im Neorenaissancestil mit triumphbogenartigem Portal erbaut und hieß ursprünglich *Nordwestbahnhof*. Nach dem Ersten Weltkrieg hieß er sogar nach einem französischen Historiker und Böhmenkenner *Denis-Bahnhof*, im Zweiten Weltkrieg wegen seiner Lage *Moldau-Bahnhof*.

Prag Masaryk und die Rohrpost

Wie der Prager Hauptbahnhof hat auch der innenstadtnahe Masaryk-Bahnhof, der älteste Bahnhof Prags, bereits öfter seinen Namen gewechselt. Dieser Kopfbahnhof hieß bereits *Prager Bahnhof, Staatsbahnhof, Hibernerbahnhof* und *Prag Mitte*. Wie in der Zwischenkriegszeit ist er seit 1990 wieder nach dem ersten tschechischen Präsidenten Masaryk benannt. Weil Prag noch zwei andere Fernbahnhöfe hat und Kopfbahnhöfe betrieblich Nachteile aufweisen, gab es bereits Pläne für eine Schließung des Bahnhofs.

In Prag gab es einst ein gut funktionierendes, 55 km langes unterirdisches Rohrpostsystem, das erst durch die Jahrhundertflut im Jahr 2002 außer Betrieb gesetzt wurde. Es verband unter anderem die Hauptpost mit anderen Postämtern. Verspürten die Mitarbeiter der Rohrpostzentrale Hunger, riefen sie die Rohrpoststation im Bahnhof Masaryk an. Im Bahnhof gab es nämlich einen guten Imbiss. Würstchen hatten eine rohrpostgemäße Form und kamen auch warm an. Kartoffelpuffer folgten mit der nächsten Kapsel.

Kostomlaty und die ‚Liebe nach Fahrplan'

1966 wurde die tschechische Filmkomödie ‚*Liebe nach Fahrplan*' produziert. Der Film basiert auf der Erzählung ‚Reise nach Sondervorschrift, Zuglauf überwacht' des tschechischen Schriftsteller Bohumil Hrabal (1914-1997). Dabei geht es um einen Heranwachsenden, der im Zweiten Weltkrieg auf einem Bahnhof arbeitet. Die Erzählung reflektiert Kenntnisse des Bahnbetriebs, welche Hrabal selbst im Zweiten Weltkrieg erworben hat. Damals war er als Fahrdienstleiter im Bahnhof Kostomlaty nad Labem tätig.

☞ Hrabal starb übrigens 1997, als er beim Füttern von Tauben aus dem 5. Stock eines Krankenhauses stürzte.

6.3 Slowakei

Bratislava und das Gewächshaus
Am Rande der Innenstadt durch Höhenzüge in seiner Erweiterung beschränkt, hatte Bratislava lange einen nur relativ kleinen Hauptbahnhof. 1988 wurde schließlich ein neues größeres Gebäude errichtet. Bei der Gestaltung hatte man sich allerdings wenig Mühe gegeben. Die Glasfassade wird von einem wuchtigen Dach und einem in ähnlichem Stil gehaltenen Balkon gegliedert. Wegen der Glasfassade bekam das Gebäude im Volksmund den Spitznamen *Gewächshaus* (sklenik). Es gibt jedoch Planungen, das `Gewächshaus´ abzureissen und duch einen modernen Bau mit integrierten Einkaufsmöglichkeiten und unterirdischen Straßenbahnlinien zu ersetzen.

Žilina Zariecie - der Kunstbahnhof
Die nordslowakische Stadt Žilina erlebt zurzeit durch eine Großinvestition des koreanischen Autoherstellers Kia einen wirtschaftlichen Aufschwung. Der Stadtteilbahnhof in Zariecie durchlief in den letzten Jahrzehnten dagegen Höhen und Tiefen. Im Dritten Reich wurden 18 000 slowakische Juden von hier in das 150 km entfernte Auschwitz deportiert. Von 1946 bis 1982 wohnte eine Eisenbahnerfamilie mit 5 Kindern im Bahnhof. Die Familie hielt sogar Tiere und die Bahnhofsnutzer bedienten sich gerne der Kirschen aus ihrem Garten. Als der Bahnhof jedoch von neuen Hochstraßen eingeklemmt wurde, zog die Familie aus. Nach der Jahrtausendwende begann der Bahnhof zu verfallen, Graffiti machten sich breit. Doch eine slowakische Initiative verwandelte den Bahnhof seit 2003 in ein Kulturzentrum mit Ausstellungen, Theaterfestivals, Kunstworkshops für Kinder usw. Derweil geht der Zugbetrieb weiter, Züge halten hier und auch den Wartesaal gibt es noch.

6.4 Ungarn

Budapest - Nyugati (Westbahnhof)

Der Nyugati (West-)Bahnhof ist einer der drei großen Kopfbahnhöfe Budapests und eine Art Pionierstation. Von hier fuhr im Jahre 1846 der erste ungarische Zug ab - ins 35 km entfernte Vac an der Donau. Das Bahnhofsgebäude wurde 1874-77 von der französischen Firma Eiffel unter Aufsicht Gustave Eiffels erbaut. Als der Bahnhof in den 1980ern sanierungsbedürftig war, konnte der McDonalds-Konzern als Investor gewonnen werden. Im Jahre 1990 richtete der Fast-Food-Konzern im Bahnhofsrestaurant eine Filiale ein. Dieses Restaurant gilt konzernintern als `schönste McDonalds-Filiale der Welt'. Das Gebäck wird von der traditionsreichen Budapester Konditorei Gerberaud geliefert. Der Nyugati-Bahnhof ist zudem seit 2000 der erste Ungarns mit angeschlossenem Shopping-Center.

Budapest Keleti Pu (Ostbahnhof)

Die Benennung der Budapester Bahnhöfe nach Himmelsrichtungen gilt als nicht sehr konsistent. Der Westbahnhof Nyugati ist eigentlich ein Nordbahnhof, der Bahnhof Deli eigentlich ein Bahnhof im Westen der Stadt. Nur Keleti, der Ostbahnhof liegt wirklich im Osten. Angeblich hatte der Keleti-Bahnhof den alten schlossartigen Lehrter Bahnhof in Berlin zum Vorbild. Allerdings weist nur das etwas überdimensionierte Portal, das Statuen von James Watt und George Stephenson zieren, auf den Stil des ehemaligen Lehrter Bahnhofs hin. Heute erreichen die meisten Nutzer den Bahnhof allerdings durch eine unterirdische Passage. Bei der Eröffnung im Jahre 1884 galt Keleti als einer der modernsten Bahnhöfe Europas, er war einer der ersten mit elektrischer Beleuchtung und zentralem Stellwerk. 2001 wurde das Sarah Connor Musikvideo *From Sarah with Love* im Bahnhof gedreht.

★ **Hódmezövásárhelykutasipuszta und Piroschka**

In den Fünfzigerjahren war der 1955 gedrehte Film „*Ich denke oft an Piroschka*", mit Liselotte Pulver und Gunnar Möller in den Hauptrollen, in Deutschland sehr erfolgreich. Der Film handelt von einem deutschen Studenten, der sich, auf Studentenaustausch in Ungarn, im kleinen Puszta-Nest Hódmezövásárhelykutasipuszta in die Bahnhofsvorstehertochter Piroschka verliebt. Lange gab es deutsche Nostalgietouristen, die in Südungarn nach dem Piroschka-Bahnhof und Umfeld fahndeten. Dabei gibt es zwar einen Ort namens *Hódmezövásárhely*, aber keinen, der auch noch die Endung *-kutasipuszta* hat. Auch wird man vergeblich nach den im Film zu sehenden Landschaften und Gebäuden suchen. Im Kalten Krieg konnte der Film nämlich nicht in Ungarn gedreht werden und man wich auf die einst zu Ungarn gehörenden Vojvodina in Jugoslawien aus.

Miskolc-Tiszai und die Kelten

Die nordungarische Industriestadt Miskolc hat zwei größere Bahnhöfe: den Gömöri-Bahnhof und den schönen Tiszai-Bahnhof. Beide Bahnhöfe wurden vom bedeutenden ungarischen Bahnhofsarchitekten Ferenc Pfaff (1851-1913) entworfen. Manche glauben, der Tiszai-Bahnhof wäre nach dem Fluss Tisza benannt (zu Deutsch Theiß), aber Miskolc liegt gar nicht an diesem Fluss. Tiszai war der Name der Firma, die ihn erbaut hat. 1901 wurde der Bahnhof eröffnet. Beim Bau wurden archäologisch bedeutsame Funde aus der Zeit der keltischen Besiedlung gemacht.

Balatonszarszo und der tote Dichters

Am 3. Dezember 1937 wurde der ungarische Dichter Attila Jozsef (1905-1937) im Plattenseeort Balatonszarszo von einem Zug überrollt. Freunde des Dichters sprachen von einem Unfall, doch anscheinend hat sich Jozsef vor einen

Güterzug gestürzt. Schon als Kind hatte Jozsef versucht, Selbstmord zu begehen. Heute wird Jozsef zu den bedeutendsten ungarischen Dichtern des 20. Jahrhunderts gerechnet. 1998 wurde in der Nähe des Bahnhofs von Balatonszarszo ein Denkmal für ihn errichtet. Es zeigt einen Eisenbahnradsatz auf einem Gleis, beladen mit metallenen Stäben, die die Buchstaben von Jozsefs Gedichten tragen.

Sopron und die Raaberbahn

Nach dem 1. Weltkrieg sprach sich die Bevölkerung von Sopron in einer Abstimmung für den Verbleib bei Ungarn aus. Das vorher zu Ungarn gehörende Burgenland kam jedoch zu Österreich. Sopron wurde Hauptsitz eines sogar den Kalten Krieg überlebenden Eisenbahn-Kuriosums, der Raab-Oedenburg-Ebenfurther Eisenbahn (ROeEE, ungarisch GySEV abgekürzt, Györ ist der ungarische Name für Raab) heute Raaberbahn genannt. Das Verkehrsgeschehen Bahnhof von Sopron ist von gelb-grün lackierten Zügen der Raaberbahn geprägt, daneben durch Züge der ÖBB, jedoch kaum durch Material der ungarischen Staatsbahn MAV.

❖ **Hegyeshalom**

Durch die territorialen Veränderungen nach dem 1. Weltkrieg wurde das westungarische Hegyeshalom zum Grenzbahnhof. Die Dorfbewohner arrangierten sich jedoch schnell mit gewissen Vorteilen, welche diese Situation mit sich brachte. So konnten sie am Bahnhof als erste die Rückkehrer von den Olympischen Spielen in Los Angeles und in Berlin, die hier mit der Bahn ankamen, begrüßen. Der Bahnhof Hegyeshalom hieß Neuankömmlinge in den letzten Jahrzehnten zudem auf besondere Weise willkommen. Von den Neon-Leuchtkästen mit den Buchstaben des Bahnhofsnamens waren die ersten fünf durch Kurzschlüsse oft ohne Licht, so dass Reisende nur noch von den Lettern *Shalom* (hebräisch für Friede) begrüßt wurden.

7. Südosteuropa

7.1 Slowenien

★ James Joyce und die Nacht in Ljubljana

Im Sommer 1904 war der noch junge irische Schriftsteller James Joyce (1882-1941) mit seiner Freundin Nora per Bahn von Zürich nach Triest unterwegs, wo ihm eine Stelle als Englischlehrer in Aussicht gestellt wurde. In Ljubljana, damals als Laibach noch zu Österreich gehörend, stieg das Paar, das sich bereits in Triest wähnte, aus. Doch als die beiden den Irrtum bemerkten, war der Zug bereits abgefahren. So verbrachten sie die Nacht auf einer Parkbank und fuhren erst am nächsten Morgen weiter. Joyce hatte sein erstes Rendezvous mit Nora, die er übrigens erst 1931 heiraten sollte, am 16. Juni 1904 und in seinem Schlüsselwerk Ulysses dreht sich alles um dieses Datum. Heute feiern James Joyce-Fans jährlich am 16. Juni den Bloomsday (nach dem Ulysses- Protagonisten Bloom). Am 16. Juni 2003 (2004 wären die 100 Jahre voll gewesen) trugen die Slowenen mit der Enthüllung einer an James Joyce´ Sommernacht erinnernden Bodenplatte an der Treppe am Bahnsteig 1 des Bahnhofs von Ljubljana zum Bloomsday bei.

Kamnik und Joze Plečnik

Joze Plečnik (1872-1957) gilt als bedeutendster slowenischer Architekt des 20. Jahrhunderts und hinterließ vor allem in Ljubljana Spuren, er war aber kein Bahnhofsbauer. Für den jugoslawischen König Aleksander entwarf er 1932 in Kamniska Bistrica eine Jagdhütte. Dadurch war im an der Eisenbahn gelegenen Ort Kamnik der Bau eines Bahnhofes nötig. Plečnik empfahl dafür seinen Schüler Vinko Glanz. Da Plečnik nicht ganz mit dem Entwurf zufrieden war, änderte er eigenhändig die Skizzen. So kam Slowenien indirekt doch noch zu einem Plečnik-Bahnhof.

7.2 Kroatien

Zagreb

Als einer der schönsten Bahnhofsplätze Europas gilt derjenige der kroatischen Hauptstadt Zagreb. Als in den 1980er Jahren am Bahnhof ein Einkaufszentrum erbaut wurde, legte man es unter die Erde, um die städtebauliche Qualität des Platzes nicht zu stören.

Der Zagreber Hauptbahnhof dürfte auch einer der wenigen Europas sein, in dessen bahnseitiger Fassade eine Nische für einen Marienaltar eingelassen wurde. Im ehemaligen Jugoslawien waren Ethnie und Religion eng verknüpft und dieser Altar zeigt den Katholizismus der Kroaten.

☞ Gegenüber dem Bahnhof findet sich das berühmte Hotel *Regent Esplanade*, welches die Stadt seit 1925 zu einer wichtigen Station des *Orient-Express* machte. Hier stiegen unter anderem Josephine Baker und Charles Lindbergh ab.

Zagreb Westbahnhof

Während der Zagreber Hauptbahnhof von der Stadtseite ein perfektes historisches Bild ergibt, zeigen heute zur Gleisseite große elektronische Abfahrtstafeln den technischen Fortschritt an. Deshalb werden Bahnhofsfilmszenen, die in einer anderen Epoche spielen, heute eher im Westbahnhof Zagrebs gedreht. Dort stören noch keine elektronischen Zuganzeiger.

Kumrovec und Tito

Josip Broz Tito (1892-1980) wurde im kroatischen Dorf Kumrovec geboren, welches an einer Bahnlinie an der Grenze zu Slowenien liegt. Vom Bahnhof des Dorfes aus brach Tito in die Welt auf und als Staatschef kam er mit seinem luxuriösen *Blauen Zug*, der heute in Belgrad abgestellt ist, öfters dorthin zurück (manchmal in Begleitung von Staatsgästen), um sein Heimatdorf zu besuchen.

7.3 Serbien und Montenegro

Belgrads Hauptbahnhof

Der Hauptbahnhof von Belgrad wurde 1884 im neoklassischen Stil auf dem Gelände einer ehemaligen Lagune am Fluss Save gebaut. Vor dem Bahnhof steht eine blaue Dampflokomotive. Diese zog einst den ‚Blauen Zug', mit dem Feldmarschall Tito in Jugoslawien unterwegs war.

Belgrad-Prokop und die Betonplatte

Heute liegt der Belgrader Hauptbahnahnhof etwas abseits der Innenstadt und ist als Kopfbahnhof betrieblich ungünstig. Deshalb gibt es seit mehreren Jahrzehnten Pläne für einen neuen Durchgangsbahnhof. Ein Teil der unterirdischen Zugangslinien ist verwirklicht worden und auch die neue Bahnstation Prokop gibt es mittlerweile. Allerdings besteht diese nur aus einer riesigen Betonplatte, unter der die Züge halten, die Zugangsanlagen sind von Graffiti übersät und im Winter bläst durch die Ost-West-ausgerichtete Station ein kalter Wind. Prokop kann deshalb als der ungemütlichste Bahnhof Europas gelten. Ein Empfangsgebäude wurde bis heute nicht verwirklicht. Fehlende Mittel und der Zerfall Jugoslawiens trugen dazu bei. Heute wird die Bahnhofseröffnung für 2010 angepeilt, doch angesichts fehlenden Baufortschrittes scheint dies unrealistisch.

Der unterirdische Bahnhof Vukov Spomenic

Als erste Station des neuen Eisenbahnknotens von Belgrad und Teil eines heute erst in Ansätzen vorhandenen S-Bahnsystems wurde im Jahre 1995 vom damaligen Präsidenten Slobodan Milosevic unter medialer Propagandabegleitung der zentral gelegene, unterirdische Bahnhof Vukov Spomenic eröffnet. Mit 40 Metern unter Straßenniveau und 65 m langen Rolltreppen gehört die Bahnstation zu denjenigen in Europa, welche am tiefsten unter der Oberfläche liegen. Da die Station in der Nähe der Belgrader Universität liegt, gab es einst in der Shopping-Ebene zahlreiche Internetcafés. Diese sind heute alle verwaist. Zur glatten und modernen Anmutung der Station passt nicht ganz eine seltsame schwülstige Kupferplastik mit Motiven der Stadt Belgrad am Ende des unterirdischen Bahnsteigs, hinter welcher sich ein Notausgang verbirgt.

Der Filmbahnhof an der Sarganska Osmica

Eine der bei Bahnfans beliebtesten Bahnstrecken Serbiens ist die Sarganska Osmica, die Šarganer Acht. Diese 760 mm Schmalspurbahn, deren Steckenführung in einem Abschnitt die Form einer 8 hat, war einst die Fortsetzung der bosnischen Ostbahn auf serbischer Seite (Bosnien hatte ein umfangreiches Schmalspurnetz). 1974 wurde die Strecke in Serbien stillgelegt, 1999 aber wieder als Touristenattraktion aufgebaut (im selben Jahr kam allerdings der Krieg dazwischen). An der Strecke gibt es einen neuen alten Bahnhof, den es vorher nicht gab, die Station Golubici. Diese wurde als Kulisse für den Film `Das Leben ist ein Wunder´ des bosnisch-serbischen Regisseurs Emir Kusturica erbaut. Unweit des ebenfalls an der Šarganer Acht gelegenen Bahnhofs Mokra Gora hat Kusturica ein Dorf in traditioneller Bauweise, *Etno selo* (Deutsch: Küstendorf) anlegen lassen, wo er jetzt auch selbst wohnt.

Der Bahnhof von Herceg Novi

Die montenegrinische Hafenstadt Herceg Novi bekam erst 1936 einen Bahnhof. Doch 1967 wurden Bahnstrecke und Bahnhof bereits stillgelegt. 1998 kaufte Emir Kusturica den Bahnhof und versuchte, in zu einem Kulturzentrum zu entwickeln . Ganz erfolgreich war er damit nicht, denn 2005 wurde das Gebäude in ein Hotel umgewandelt.

7.4 Nordmazedonien und Kosovo
★ Skopje - die stillstehende Bahnhofsuhr

Der 26. Juli 1963 gilt als der schlimmste Tag in der Geschichte Skopjes. Am frühen Morgen erschütterte ein starkes Erdbeben die Stadt, über 1000 Menschen starben. 80% der Gebäude einschließlich des Bahnhofs, wurden zerstört. Die große Bahnhofsuhr am Empfangsgebäude blieb für immer auf 5:17 stehen, dem Zeitpunkt des Bebens. Heute ist dieser Bahnhof ein Denkmal, an ihn schließt sich ein Museum an. Die Schäden übertrafen die ökonomische Leistungsfähigkeit des jungen Jugoslawien und eine internationale Welle der Hilfsbereitschaft setzte ein. Gleichzeitig gab es nach der Zerstörung der osmanischen Altstadt Ambitionen, die Stadt aus ihrer Balkanrückständigkeit zu befreien und sie zu einem Schaufenster des Sozialismus zu machen. Der berühmte japanische Architekt Kenzo Tange (1913-2005) erarbeitete einen Plan für den Neuaufbau der Stadt. Während die Pläne Tanges nur teilweise verwirklicht wurden, konnte er sich mit der Idee einer aufgeständerten Bahnhofsplattform durchsetzen. Heute fahren die Züge in Hochlage in die Stadt und unter dem Bahnhof findet sich auf Straßenniveau ein Busbahnhof. Nach dem Zerfall Jugoslawiens ist der Bahnverkehr stark zurückgegangen und der Busbahnhof übernimmt mittlerweile die Hauptlast des Verkehrs.

Pristinas kleiner Bahnhof

Kosovos Hauptstadt Pristina hat einen bescheidenen Stadtbahnhof, von welchem täglich nur zwei Züge abfahren (der Bahnknoten Kosovos liegt 7 km vor der Stadt in Fushe Kosovë im Amselfeld). Kurioserweise ist Pristinas Bahnhof zur Stadtseite ganz offiziell mit Comicfiguren bemalt. Auf der Schienenseite hängen Bilder europäischer Bahnen, darunter ist sogar ein ostdeutscher Kleinstadtbahnhof.

Pristinas Bahnhof

7.5 Rumänien

Iași - das deutsche Schloss

Siebenbürgen und das Banat kamen erst mit dem Auseinanderbrechen Österreich-Ungarns nach dem 1. Weltkrieg zu Rumänien. Die historischen Bahnhöfe in diesem Gebiet sind deshalb von k.u.k.-Architektur geprägt. Die älteren Bahnhöfe in den übrigen Landesteilen, Moldawien und der Walachei also, haben teilweise deutsche Architekturvorbilder. Das liegt unter anderem daran, dass Rumänien von 1881 bis 1947 von Königen aus der Dynastie Hohenzollern-Sigmaringen regiert wurde. Der Bahnhof im moldawischen Iași hatte wegen seiner Architektur sogar den Beinamen 'deutsches Schloss'. Im August 1916 schloss sich Rumänien im Ersten Weltkrieg den Alliierten an. Die Mittelmächte (Deutschland, Österreich-Ungarn) besetzten im selben Monat Bukarest und den Süden des Landes. Die Regierung Rumäniens zog sich nach Iași im Norden zurück. Aber auch in der Region Moldawien schien der Staatsschatz des Landes nicht sicher. Es gab Pläne, den Staatsschatz nach Dänemark oder England zu bringen, aber man fürchtete deutsche U-Boote. So einigte man sich mit den Russen, den Staatsschatz während des Krieges in Moskau in Sicherheit zu bringen. Vom Bahnhof von Iași fuhr im Dezember 1916 ein Zug mit 17 Waggons voller Goldbarren und Goldmünzen und den Juwelen der Königin Maria Richtung Moskau. Im Juli 1917 folgten weitere 24 Waggons voller Schmuck, wertvoller Gemälde und kostbarer Kunstobjekte. Die russische Regierung unterschrieb einen Vertrag zum Transport, zur Lagerung und zur Rückführung dieser damals schon auf 8 Milliarden Gold Lei (heutiger Wert: viele Milliarden Euro) taxierter Wertgegenstände. Doch die Russen gaben den Staatsschatz nie zurück - noch heute ein Trauma für Rumänien und eine offene Wunde im rumänisch-russischen Verhältnis.

Sinaia und das Wappen

Wenig deutsch ist dagegen die Architektur des ehemals dem König und seinen Gästen vorbehaltenen Bahnhofs von Sinaia. Dafür trug dieser Bahnhof früher sogar das Hohenzollern-Wappen. Vom Bahnhof ist es nicht weit zum ehemaligen Schloss Peles, der Sommerresidenz des Königs. Am Bahnsteig befindet sich eine Tafel, die an den rumänischen Premierminister Ion Duca erinnert, der am 30. Dezember 1933 im Bahnhof von der faschistischen *Eisernen Garde* ermordet wurde. Zu Zeiten des Kommunismus gab es einen Präsidentenzug, in welchem im August 1975 US-Präsident Ford und Nicolae Ceausescu hier ankamen.

Ploiesti-Südbahnhof

Dass die im Zweiten Weltkrieg stark zerstörte Erdölstadt Ploiesti einst reich war, wird an ihrem Südbahnhof deutlich. Dessen Portal ähnelt dem der Union Station in Washington, welche wiederum den Konstantinsbogen im Rumänien einst kolonisierenden Rom zum Vorbild hatte.

Bukarest Nordbahnhof

Der Bukarester Nordbahnhof ist der Hauptbahnhof der rumänischen Hauptstadt. Das erste Bahnhofsgebäude stammt aus dem Jahr 1872, damals hieß der Bahnhof noch Targoviste Bahnhof, benannt nach der angrenzenden Straße. Nicht der Nordbahnhof, sondern der 1869 eröffnete und heute nicht mehr existierende Bahnhof Filaret im Süden Bukarests war der erste Bahnhof der Stadt. Im Zweiten Weltkrieg wurde der Südflügel des Nordbahnhofs von alliierten Bomben getroffen, aber später im alten Stil wieder aufgebaut. Eine Lokomotivremise im Süden des Bahnhofsgeländes wurde später aufgelassen und auf dem Grundstück vor dem Bahnhof der Hauptsitz der staatlichen Bahngesellschaft CFR errichtet.

In der Nach-Wendezeit (nach 1990) wurde der Bahnhof zum sozialen Brennpunkt. Um sein Volk größer zu machen, hatte Ceausescu eine pronatalistische Politik verfolgt, Abtreibungen waren verboten, was zu ungewollten Kindern führte, und die Versorgungslage war schwierig. Nach der Wende gingen zudem viele Erwachsene in den Westen und ließen ihren Nachwuchs zurück. Plötzlich war ein Problem mit Straßenkindern entstanden und Fernzüge spülten solche aus ganz Rumänien nach Bukarest. Der Hauptbahnhof wurde Schlafplatz von Straßenkindern und Obdachlosen. Um die Nutzung des Bahnhofs auf Fahrgäste zu beschränken, wurden Mitte der 1990er Jahre die Zugänge kontrolliert und man konnte den Bahnhof nur noch mit einer gültigen Fahrkarte oder einer Bahnsteigkarte betreten. Die Straßenkinder wichen nun auf Kanalisations- und Fernwärmeschächte unter den Straßen vor dem Bahnhof aus. Sie trösteten sich mit dem Schnüffeln der Lackfarbe Aurolac. Später nahmen westliche humanitäre Organisationen und ein verbessertes staatliches Sozialsystem sich ihrer an.

Bukarests Flughafenbahnhof

Im Herbst 2008 verkündete der rumänische Verkehrsminister, dass der im Bukarester Vorort Otopeni gelegene internationale Henri Coanda-Flughafen jetzt auch per Metro erreichbar wäre. Dabei wurde lediglich in Flughafennähe ein Bahnsteig an eine am Flugfeld vorbeiführende Bahnlinie angebaut, Anschluss an das U-Bahnnetz Bukarests wird es erst in etlichen Jahren geben. Von der neuen Bahnstation in der Gemeinde Balotesti sind es immer noch 900 Meter zum Flughafen, die per Shuttle-Bus zurückgelegt werden müssen. Im Jahre 1995 wäre diese Gemeinde allerdings lieber weiter vom Flughafen entfernt gewesen. Eine Maschine der rumänische Fluggesellschaft Tarom stürzte in dieser Gemeinde ab, alle 60 Insassen starben. Die zerschellte Maschine hinterließ nicht weit von der Bahnlinie und der Station Balotesti einen Absturzkrater.

Burdenje - der legendenreiche Bahnhof

Im 19. Jahrhundert wurde in Burdenje, einem kleinen von einem jüdischen Schtetl geprägten Ort im rumänischen Moldawien, der noch heute zweitgrößte Bahnhof Rumäniens gebaut. Burdenje war Grenzbahnhof zu Österreich und der im 19. Jahrhundert entstandene rumänische Staat wollte hier mit einem repräsentativen Gebäude Flagge zeigen. Über Galizien fahrende Schnellzüge aus Wien und Züge aus Czernowitz erreichten hier erstmals rumänischen Boden. Rumänien wurde nach seiner Unabhängigkeit lange von in Sigmaringen geborenen Hohenzollern-Königen regiert und so entstand wohl das Gerücht, auch das Bahnhofsdesign wäre aus dem Südwesten Deutschlands gekommen. Noch heute ist auf vielen Webseiten zu lesen, das Empfangsgebäude von Burdenje wäre eine Kopie (im verkleinerten Maßstab) des Bahnhofs von Freiburg. Doch der alte Bahnhof von Freiburg sah anders aus (nur die Backsteine waren ähnlich) und wäre Burdenje eine verkleinerte Ausgabe, hätte Freiburg den größten Bahnhof Deutschlands haben müssen. Der rumänische Wikipedia-Artikel zu Burdenje meint gar, Vorbild sei der Bahnhof im schweizerischen Freiburg (Fribourg) gewesen, doch auch der alte Bahnhof Fribourgs sah anders aus.

Nach dem Ersten Weltkrieg kam die Bukowina mit der auf der anderen Flussseite gelegenen Stadt Suceava zu Rumänien und Burdenje wurde zu einem Vorort. Der Bahnhof heißt deshalb heute im Kursbuch Suceava-Burdenje. Nach einer Renovierung nach dem Jahr 2000 gehört der mächtige rote Ziegelbau mit seinen runden Fenster- und Türbogenbogen auf jeden Fall zu den schönsten Bahnhöfen Rumäniens.

7.6 Bulgarien

Sofia und das Zeltdach

Am 1.8.1888 wurde in Sofia ein historischer Hauptbahnhof im Neorenaissance-Stil eröffnet (18 Tage später erfolgte übrigens die Eröffnung des Hauptbahnhofes von Frankfurt am Main). Doch im April 1974 wurde dieser schöne Bahnhof, der französische und italienische Architekturelemente aufwies, abgerissen, um einem brutalistischen Neubau zu weichen. Die sozialistische Regierung wollte der Hauptstadt auch architektonisch einen Stempel aufdrücken, ein Zeichen der neuen Zeit setzen und einen Aufmarschplatz im Bahnhofsvorfeld gewinnen. Doch nach der Wende ging der Bahnverkehr stark zurück und bei den Bulgaren war dieses schnell alternde Architekturerbe nicht besonders beliebt. So wurde nach 2004 die Leere des Bahnhofsplatzes durch eine Zeltdachkonstruktion aufgefüllt, die an das Münchner Olympiastadion erinnert und die architektonische Westausrichtung weiter unterstreicht. Dieses Architekturelement ist nicht ganz unpassend, denn wie der neue Bahnhof stammt das Olympiazentrum aus den 70er Jahren.

Burgas - dasselbe in Grün

Die Hafenstadt Burgas rühmt sich, den schönsten Bahnhof Bulgariens zu haben. Doch der in den 1920er Jahren eröffnete Bahnhof sieht genauso aus wie der Bahnhof in der anderen bulgarischen Hafenstadt Varna. Der einzige Unterschied ist der, dass der Bahnhof von Varna rot gestrichen ist, der von Burgas aber grün (weiß, rot und grün sind die Nationalfarben Bulgariens). Das Uhrwerk des Bahnhofsturms von Varna wurde übrigens im Jahre 1929 installiert, man hatte es extra aus Deutschland beschafft.

7.7 Türkei

Ankara Hauptbahnhof - Atatürks erste Bleibe

Kemal Atatürk, der Vater der modernen Türkei, residierte nach seiner Ankunft in der neuen Hauptstadt Ankara 1919-1921 im Haus des Bahnhofsvorstehers am Bahnsteig 1. In diesem Haus befand sich eine Telegraphenstation, wovon Atatürk rege Gebrauch machte, um sein Land zusammenzuhalten. Atatürks Bahnwaggon aus deutscher Produktion hatte spezielle Antennen für den Telegraphenverkehr.

Istanbul-Sirkeci - Orient in Europa

Der auf der europäischen Seite gelegene Sirkeci-Bahnhof gelangte einst vor allem als Endstation des Orient-Express zu Berühmtheit. In den zwanziger Jahren brachte hier jede Woche ein Güterzug Kleidung aus Frankreich in die Türkei. Kemal Atatürk wollte damit seinen Landsleuten den westlichen Kleidungsstil nahe bringen. Das Empfangsgebäude des 1890 eröffneten Bahnhofs wirkt orientalisch. Kein Wunder, denn Architekt war der Preuße August Jachmund, der von der deutschen Regierung nach Istanbul gesandt worden war, um orientalische Architektur zu studieren.

Istanbul-Haydarpasa - Europa in Asien

Der Haydarpasa Bahnhof auf der asiatischen Seite wirkt europäischer. Auch dies sollte nicht überraschen, denn erbaut wurde er von der Firma Philipp Holzmann nach Plänen der deutschen Architekten Otto Ritter und Helmut Cuno. Der schlossähnliche Bahnhof im Neorenaissance-Stil war ein Geschenk Kaiser Wilhelms II. an Sultan Abdülhamid und die verbündete Türkei. 1100 Pfähle mit einer Länge von jeweils 21 Metern mussten in den weichen Boden gerammt werden, um ein stabiles Fundament zu schaffen. Der Bahnhof ist als einer der wenigen weltweit auf drei Seiten von Wasser umgeben.

★ Karaagaç und der erste Bomber

Im Ersten Balkankrieg (Oktober 1912 - Mai 1913) kämpften Serbien, Montenegro, Bulgarien und Griechenland gegen das Osmanische Reich. Dabei warf ein bulgarischer Pilot die erste Flugzeugbombe in einem Krieg ab (und wurde damit zum ersten Bomberpiloten der Geschichte) und zwar auf den türkischen Bahnhof von Karaagaç in der Nähe von Edirne.

Karaagaç liegt am westlichen Ufer des Flusses Evros (türkisch: Meric) und der Fluss bildete später die Grenze zu Bulgarien und dann zu Griechenland. Karaagaç blieb als Vorort von Edirne trotzdem bei der Türkei, ein neuer Bahnhof musste jedoch östlich des Flusses gebaut werden, da der alte Bahnhof von Karaagaç durch die Grenzziehung vom übrigen Land abgeschnitten war. Im alten, mittlerweile restaurierten Bahnhof findet sich heute eine Universität und im abgestellten Dampfzug auf den Gleisen hat sich ein Restaurant etabliert.

Bursa-Acemler

Zum Bahnhof Bursa-Acemler berichtet die Webseite des Ministerium für Kultur und Tourismus der Türkei folgende Anekdote. Als die belgische *Chemin de Fer de Moudania-Brousse* 1892 den Bahnhof von Bursa Acemler eröffnete, zeigte der ausgehängte Fahrplan Stunden, wie sie in westeuropäischer Zeitmessung üblich waren. Damals galt in der Türkei jedoch eine eigene Zeitmessung, bei welcher Tag und Nacht in jeweils 12 Stunden eingeteilt wurden, deren Länge sich nach Jahreszeit veränderte. Die Bahngesellschaft hing deshalb im September 1892 eine Notiz auf, die Fahrgäste darauf aufmerksam machte, dass die Fahrpläne nach westeuropäischen Stunden ausgerichtet waren. Doch schließlich musste man den Gewohnheiten der örtlichen Bevölkerung nachgeben und die Abfahrtszeiten in türkischen Stunden angeben.

★ Das Waisenmädchen im Bahnhof von Bursa

Im Jahre 1925 kam im Bahnhof von Bursa ein bildungshungriges Waisenmädchen auf Atatürk zu (bildungshungrig war das Mädchen vielleicht auch deshalb, weil ihr verstorbener Vater örtlicher Stadtschreiber gewesen war). Sie fragte, ob er ihr nicht helfen könne, ein Internat zu besuchen. Am 22 September 1925 adoptierte der Kinderfreund Atatürk (‚Kinder sind ein neuer Anfang und Zukunft' soll er gesagt haben) das Mädchen Sabiha. Sabiha durfte mit den 3 anderen Adoptivtöchtern in seiner Residenz in Ankara wohnen und später die Mädchenschule in Istanbul besuchen. 1934 wurde in der Türkei Nachnamen obligatorisch und Sabiha wurde Gökcen (die zum Himmel gehört) genannt. Ein Jahr später nahm Atatürk Sabiha zur Eröffnung der ersten türkischen Flugschule mit. Sabiha zeigte Begeisterung für die Luftfahrt und durfte mit 7 männlichen Studenten nach Moskau, um das Fliegen zu lernen. 1936 ging sie zur türkischen Luftwaffenakademie und wurde zur ersten türkischen Pilotin einer Militärmaschine. 1937 nahm sie an einer Militäroperation teil und wurde damit zur ersten Kampfpilotin weltweit. Sogar am Koreakrieg nahm die ‚Amazonin der Lüfte' teil. Als die United States Airforce 1996 das Poster ‚*The 20 Greatest Aviators of History*' publizierte, war Gökcen als einzige Frau darauf abgebildet.

Sabiha Gökcen starb am 22. März 2001 an ihrem 88. Geburtstag. Im selben Jahr wurde der auf der asiatischen Seite liegende zweite Flughafen von Istanbul (der Flughafen im europäischen Teil heißt Atatürk-Flughafen) nach Sabiha Gökcen benannt.

8. Russland und Ukraine

8.1 Ukraine

Kiews englischer Bahnhof

Kiews erster, 1868-1870 erbauter Bahnhof wurde in englischem Gotikstil errichtet. Aber auch der heutige Bahnhof, der mit täglich 170 000 Fahrgästen der belebteste der Ukraine ist, weist einen Bezug zu England auf. Offiziell heißt er *Kyiv Passazhyrskyi,* doch die Bevölkerung sagt Voksal, was auch an der Fassade (in kyrillischen Lettern) zu lesen ist. Voksal ist das russische Wort für einen größeren Bahnhof und leitet sich vom Londoner Stadtteils Vauxhall ab.

Lemberg Hauptbahnhof

Lembergs 1904 eröffneter Hauptbahnhof gilt als einer der schönsten von Jugendstil geprägten Bahnhöfe des östlichen Europas. Nach seiner Eröffnung wurde er von zahlreichen Architekten besucht und beeinflusste die Architektur des Prager Hauptbahnhofs sowie die von Otto Wagner gestalteten Wiener Bahnhöfe.

* **Podwolotschyska und der Gänsebraten**

Der bis 1918 zu Österreich gehörende, an der Grenze zu Russland gelegene Ort Podwolocyzyska) wurde nach dem Schließen einer Lücke zum russischen Bahnnetz zu einem wichtigen Warenumschlagsplatz zwischen Südrussland und Mitteleuropa. Podwoloczyska war überdies Zentrum des Eierhandels, wo an einer Eierbörse zeitweise die Eierpreise für Europa festgelegt wurden. In Podwolocyszka (heute Pidwolotschysk) wurde im Jahre 1900 der Schriftsteller Hermann Kesten geboren. Ein anderer österreichischer Schriftsteller, Alexander Roda Roda (1872-1945) verhalf dem Bahnhof des Ortes durch die Geschichte `*Die Gans von Podwolotschyska*' zu gewissem literarischem Ruhm (ein Fritz Muliar-Hörstück gibt es dazu).

In dieser Geschichte bietet die Bahnhofsgaststätte von Podwolotschyska ein kleines Menü zu vier Kronen (Suppe und Rindfleisch) und ein großes zu sechs Kronen 50, welches zusätzlich Gänsebraten und Zibebenstrudel enthält. Die oft bis von Wien kommenden und deshalb sehr hungrigen Fahrgäste, die hier am Grenzbahnhof eine Pause einlegen, wählen meist das teurere Menü. Doch kaum haben die Speisenden das Rindfleisch gegessen, kommt ein Mann mit Dienstmütze (dabei handelt es sich um den Bahnhofswirt) in die Gaststätte und sagt „*Höchste Zeit zum Zug nach Kiew, Moskau, Odessa..*'. Alle stehen auf und hasten zum Bahnwagen, ohne das Menü voll ausgekostet zu haben. Eines Tages bleiben die Speisenden jedoch sitzen, denn es handelt sich um eine Lemberger Kommission zur Prüfung der galizischen Bahnhofswirtschaften. In ihrer Not können die Gastwirte aus ihrer privaten Küche den eigentlich nicht vorhandenen Gänsebraten zaubern. Als die Kontrolleure nun auch noch nach der Nachspeise verlangen, kann der Wirt listigerweise zeigen, dass Zibebenstrudel sein Nachname und der entsprechende Posten auf der Speisekarte kein Nachtisch, sondern seine Unterschrift ist.

8.2 Europäischer Teil Russlands

Voksal

Das russische Wort für einen größeren Bahnhof ist Voksal und dieses leitet sich von Vauxhall, einem Londoner Stadtteil, ab. Zur genauen Verbindung gibt es verschiedene Theorien. Die wahrscheinlichste ist, dass dies mit einem Vergnügungspark zusammenhängt, der an der Endstation der ersten, 1837 erbauten Eisenbahn Russlands, die von Petersburg nach Pawlowsk verlief, erbaut wurde und welcher in Anlehnung an die damals berühmten Vauxhall Pleasure Gardens in London Voksal genannt wurde. Bald wurde dieses Wort auf das Empfangsgebäude selbst angewendet und später wurde es zu einer allgemeinen Bezeichnung für größere Bahnhöfe.

Westlich und östlich von Wershbolowo

Einer der prächtigsten Bahnhöfe Russlands lag einst an der Grenze des Russischen Reiches zu Deutschland, der Bahnhof von Wershbolowo. Hier trafen unterschiedliche Spurweiten aufeinander (Russland hatte Breitspur von 1520 mm, Deutschland Normalspur (1435 mm)), deshalb musste sogar der Zar umsteigen, entsprechend vornehm waren die Anlagen. Da Russland lange Zeit gegenüber dem Westen rückständig war, galt dort lange Zeit das Sprichwort `*Alles ist neu nur östlich von Wershbolowo, was hier neu ist, ist dort (westlich) nicht neu*´. Nach dem 1. Weltkrieg fiel der Bahnhof an Litauen, die Station hieß somit Virbalis. Am Ende des 2. Weltkrieges war er nur leicht beschädigt. Die russischen Soldaten hatten den Auftrag, den in der Nähe gelegenen ehemaligen deutschen Bahnhof Eydtkuhnen zu sprengen (dessen Architektur auch nicht ohne ist), zerstörten aber aus mangelnder Ortskenntnis den prächtigen Bahnhof von Wershbolowo.

Der erste russische Bahnhof

Der Witebsker Bahnhof war der erste Bahnhof St. Petersburgs und Russlands. Er wurde 1837 eröffnet und hieß ursprünglich Tsarskoe Selo Bahnhof, denn von hier fuhren die Züge zur kaiserlichen Sommerresidenz ab. Ein Nachbau des ersten russischen Zuges kann im Bahnhof besichtigt werden. Das später im Jugendstil umgebaute Empfangsgebäude gehört heute zu den schönsten Bahnhofsgebäuden St. Petersburgs. Seine intakte Atmosphäre hat dazu geführt, dass hier Filme wie Anna Karenina und Sherlock Holmes Stories verfilmt wurden.

★ Die Uhren des Witebsker Bahnhofs

Trotz des historischen Ambientes wurden im Witebsker Bahnhof im Jahre 2003 moderne Schweizer Bahnhofsuhren aufgehängt. Und dies hängt mit einem Flugzeugabsturz am Bodensee zusammen. Denn am 1. Juli 2002 stießen in 11 000 Metern Höhe eine russische Tupolew der Bashkirian Airlines, die Schulkinder an Bord hatte, mit einem Frachtflugzeug zusammen. Alle 71 Insassen starben. Der Unfall wurde durch einen Fehler der Schweizer Fluglotsen mitverschuldet. Die russischen Medien machten der Schweiz Vorwürfe, das Verhältnis zwischen Russland und der Schweiz galt nach dem Absturz als belastet. Im Jahre 2003 nutzte die Schweiz jedoch den 300. Geburtstag St. Petersburgs, um ihr Image in Russland wieder zu verbessern. Der Stadt wurden 100 Schweizer Bahnhofsuhren geschenkt, die im Straßenraum, aber auch auf Bahnhöfen installiert wurden. So kam auch der Witebsker Bahnhof zu seinen Schweizer Uhren. Doch ein Russe, der beim Unfall Frau und Kinder verloren hatte, konnte das Geschehen nicht vergessen. Er reiste im Februar 2004 in die Schweiz und erstach den damals zuständigen Fluglotsen in dessen Wohnung.

St. Petersburg - Moskauer Bahnhof

1851 wurde die erste russische Fernbahnlinie, die Verbindung von der damaligen Hauptstadt St. Petersburg nach Moskau, fertig gestellt. Ingenieur war der Amerikaner George Washington Whistler. Er wählte die damalige Spurweite seiner US-Südstaatenheimat 1524 mm, genau 5 Fuß. Diese Breitspur wurde zur Standardspurweite im Zarenreich. Für das Bahnhofsgebäude in St. Petersburg, das sich als Venedig des Nordens sieht, wählte der Architekt Thon italienische Vorbilder. Die Arkadenbögen im Erdgeschoß wirken venezianisch, das erste Geschoß wurde von einem toskanischen Palazzo inspiriert, während der Uhrturm den Turm des Palazzo Senatori in Rom nachahmt. Dieser Petersburger Bahnhof wird Moskauer Bahnhof genannt. Am anderen Streckenende in Moskau befindet sich eine identische Kopie. Diese heißt heute jedoch nicht St. Petersburger Bahnhof, sondern, wie seit 1925, Leningrader Bahnhof. Es gab Pläne für eine Umbenennung, die aber bisher nicht verwirklicht wurden.

Moskaus Bahnhöfe

Neben dem Leningrader Bahnhof hat Moskau noch 8 weitere Kopfbahnhöfe (Passagieraufkommen: insgesamt fast 2 Millionen pro Tag). Auch im Yaroslawer Bahnhof, 1902-04 in seltsamem neorussischen Stil erbaut und Ausgangsstation der Transsib, existiert die Sowjetunion weiter. Auf seinem Dach finden sich Hammer und Sichel und die Aufschrift CCCP (UdSSR).
☞ Im Museum des Paweletski-Bahnhofs weitere Sowjetnostalgie: hier findet sich der Beerdigungszug, mit dem der Leichnam des 1924 in Gorki (heute wieder in Nischnij Nowgorod rückbenannt) verstorbenen Lenin nach Moskau überführt wurde. Lenin musste übrigens einmal als Heizer verkleidet vor der Gegenrevolution auf einer Lokomotive nach Finnland fliehen.

Moskaus Kiewer Bahnhof

Der Uhrturm des Kiewer Bahnhofs von Moskau wird wegen seiner Höhe und der großen Uhr von der Bevölkerung auch Big Ben genannt. Mit St. Pancras in London hat der Bahnhof zudem eine riesige gläserne Bahnsteighalle gemein. Moskaus Kiewer Bahnhof ist der einzige Fernbahnhof der Hauptstadt, dessen Fassade zur Moskwa zeigt.

★ Tolstois Tod

Im November 1910 machte sich der große russische Schriftsteller Leo Tolstoi (Lew Nikolajewitsch Graf Tolstoi) 82-jährig mit seinem Arzt und seiner Tochter mit der Bahn nach Süden auf. Wo genau hin, wusste er nicht, manche meinten, er wollte in den Kaukasus reisen, andere meinten, nach Konstantinopel. Auf der Zugfahrt holte er sich eine Lungenentzündung. Nachdem er Blut spuckte, musste er im Bahnhof von Astopowo, mehrere hundert Kilometer südlich von Moskau, die Reise unterbrechen. Er legte sich ins Bahnwärterhäuschen und starb dort wenige Tage später, umlagert von der Presse. Später wurde der Bahnhof des Ortes in *Tolstoi-Bahnhof* umbenannt. Als Tolstois Tod im Film *The Last Station* 2008 verfilmt wurde, tat man dies jedoch nicht in Russland, sondern im Bahnhof von Pretzsch in Sachsen-Anhalt.

Samara - hoch und tief

Der neue Hauptbahnhof von Samara gilt als das höchste Bahnhofsgebäude Europas. Er schließt einen über 70 m hohen Büroturm ein. Allerdings mussten die großen Glasscheiben durch die Vibrationen der Züge schon mehrfach ausgetauscht werden. Als die Deutschen auf Moskau vorrückten, zog sich Stalin nach Samara zurück - per Bahn, denn er hatte Flugangst. Die Stadt hatte den tiefsten Bunker der Sowjetunion. Im Mai 2007 war Samara übrigens Schauplatz des EU-Russland-Gipfels.

Kaliningrad Südbahnhof

1929 wurde dieser Bahnhof als Hauptbahnhof von Königsberg eröffnet. Er galt damals als modernster Bahnhof Deutschlands und als Vorbild des später eröffneten Duisburger Hauptbahnhofs. Während vom alten Königsberg wenig übrig blieb, überstand der Bahnhof unzerstört den Krieg, wurde auf Breitspur umgespurt und in Kaliningrad zum Südbahnhof. Da aus militärischen Gründen ein normalspuriges Gleis nach Polen verblieben war, fuhren schon bald nach der Wende die ersten Touristen-Sonderzüge aus Berlin. Heute fährt täglich ein Zug nach Danzig, mit Kurswagen nach Berlin.

Murmansk und Pechenga

Murmansk, nach Norilsk die zweitnördlichste Großstadt der Welt (68°58'), weist verschiedene Rekorde auf, was die Nordlage von Einrichtungen betrifft (seit die Norweger den noch mal 10 Breitengrade weiter nördlich auf Spitzbergen gelegenen Ort Longyearbyen ausbauen, weist dieser heute die meisten Nordrekorde auf). So hat Murmansk die nördlichste Synagoge und den nördlichsten Eisbrecher für Touristentouren. Vielleicht hat Murmansk sogar den nördlichsten Bahnhof der Welt. Den reklamiert eigentlich das nordwestlich von Murmansk unweit der Grenze zu Norwegen gelegene Pechenga für sich. Doch ob dort noch heute Züge abfahren, ist nicht gesichert

8.3 Sibirien

★ Nurejews Geburt

Der Geburtsort des Tänzers Rudolf Nurejew (1938-1993) wird manchmal mit Irkutsk angegeben, doch das stimmt nur ungefähr. Denn Nurejews hochschwangere tatarische Mutter wollte bei der Geburt bei ihrem Mann sein, der als Offizier der Roten Armee in Wladiwostok stationiert war. So machte sie sich mit der Transsibirischen Eisenbahn Richtung Pazifik auf. Doch im Zug setzten die Wehen ein. Und Nurejew, der als *größter Tänzer des 20. Jahrhunderts* gilt, wurde (am 17. März 1938) im Zug geboren, noch ehe der Bahnhof von Irkutsk erreicht war.

Jekaterinburg (Vokzal)

Jekaterinburg (1924-1991 Swerdlowsk) liegt an der Ostseite des Uralgebirges, nur 40 km von der im Ural verlaufenden Trennlinie Europa-Asien. Die Brückenlage zwischen Asien und Europa zeigt sich auch im Bahnhof, in welchem zwei allegorische Figuren Europa und Asien darstellen.

Jekaterinburg-Shartash

Im Sommer 1918 stieg im Shartash-Bahnhof von Jekaterinburg, die russische Zarenfamilie aus einem vom Verbannungsort Tobolsk ankommenden Zug aus. Die Bolschewiken wollten eine Ankunft am Hauptbahnhof (Vokzal) und einen entsprechenden Menschenauflauf vermeiden, denn die Sache sollte möglichst ohne Aufhebens abgewickelt werden. Am 17. Juli 1918 wurden Zar Nikolaus II. und seine Familie, angeblich auf Anweisung Lenins, erschossen.

Sludjanka - der Marmorbahnhof

Der Bahnhof von Sludjanka an der Transsibirischen Eisenbahn gilt als einziger aus Marmor gebauter Bahnhof der Welt, er hat deshalb auch den Beinamen *Marmorbahnhof*. In der Nähe der Stadt befindet sich ein Marmorsteinbruch, der Marmor wird u.a. für Grabsteine verwendet. Mit dem Bahnhof aus Marmor wollte man den Fortschritt beim Bau der Transsib feiern. Alle Bahnhöfe an der Transsib zeigen übrigens zur Orientierung der Fahrgäste statt Ortszeit Moskauer Zeit an.

Norilsk

Norilsk (210 000 Einwohner) ist die nördlichste Großstadt der Welt (69° 20'). Die Stadt hat keinen Anschluss ans russische Schienennetz. Unter Stalin wurde 1949-53 an einer ‚Polareisenbahnlinie' gebaut, die bis Igarka unweit von Norilsk geführt hätte. Weil der Bau jeden Tag 10 Arbeiter das Leben kostete, hatte das Projekt bald den Spitznamen ‚Bahn der Knochen'. Mit Stalins Tod wurde es aufgegeben. Doch da die Region Norilsk sehr rohstoffreich ist, gibt es Pläne, die in den 1950er Jahren unvollendete Bahnlinie weiterzubauen und bis Norilsk zu verlängern.

Birobidschan

1928 wurde von Stalin an der chinesischen Grenze ein *Jüdisches Autonomes Gebiet eingerichtet*. Hauptstadt ist das 1898 von der Transsibirischen Eisenbahn erreichte Birobidschan. Der dortige Bahnhof dürfte der einzige weltweit sein, der den Namen der Stadt in kyrillischen und in hebräischen Schriftzeichen zeigt.

Nowosibirsk

Der in den 1930er Jahren gebaute Bahnhof von Nowosibirsk ist der größte der Transsibirischen Eisenbahn. Dass er noch zur Dampflokzeit errichtet wurde, wird an der Fassade deutlich. Das Empfangsgebäude ist in seinen Umrissen dem Profil einer Dampflokomotive nachempfunden.

☞ Nowosibirsk, heute drittgrößte Stadt Russlands, wurde 1893 gegründet und hieß bis 1925 nach dem letzten Zaren Nowonikolayewsk.

Wladiwostok

Seit 1903 verbindet die Transsibirische Eisenbahn die Pazifikstadt Wladiwostok mit dem 9288 Schienenkilometer entfernten Moskau. Der Bahnhof von Wladiwostok gilt als Kopie des 1902-1904 von Fyodor Schechtel erbauten Jaroslawl-Bahnhofs von Moskau. Dieser ist der Ausgangspunkt der Transsibirischen Eisenbahn. Nach der russischen Revolution ließen es sich die Kommunisten nicht nehmen, dem Doppeladler an der Fassade des Wladiwostoker Bahnhofs die Köpfe abzusägen. Wladiwostok ist jedoch nicht, wie man meinen könnte, der östlichste Bahnhof der Transsib, sondern der südlichste. Östlichste Station ist die nach dem Kosaken Chabarow benannte Stadt Chabarowsk.

Nachodka

Zu Zeiten des Kalten Krieges war Wladiwostok für Ausländer Sperrgebiet. Die Fähren nach Japan fuhren vom zweiten Endpunkt der Transsib ab, vom Hafen Nachodka also. Der amerikanische Schriftsteller Paul Theroux meinte in seinem 1975 erschienenen Reisebuch `The Great Railway Bazaar', der Bahnhof Nachodkas hätte Stuckwände und *die Ausmaße des Irrenhauses von Kabul*.

9. Kaukasus

Eriwan und der Zuckerbäckerstil

Im Jahr 2000 wurden die Leser des britischen Magazins *The Independent Traveller* dazu aufgerufen, ihren Lieblingsbahnhof in wenig von Touristen besuchten Gebieten zu nennen. David Turns aus Liverpool schlug die Station Bled-Jezero in Slowenien, Cincinnati Union Station in den USA und den Hauptbahnhof von Eriwan vor. Turns meinte dazu, dass der Bahnhof in dieser Stadt mit ihren wegen Erdbebengefahr flachen Bauten deutlich herausragt. Der Bahnhof wurde im Jahre 1956 errichtet und war damit einer der letzten Bauten im stalinistischen Zuckerbäckerstil. Die Fassade mit ihren Kolonnaden und ihrem Spitz zulaufenden Bahnhofsturm dominiert den Bahnhofsplatz. Sogar ein heute obsoleter roter Stern ist auf dem Bahnhofsmast zu sehen. Allerdings ist der Bahnhof in seiner gut erhaltenen Sowjetpracht völlig unterausgelastet. Als Turns seine Fahrkarte für den Zug nach Tiflis kaufte, war er der einzige Fahrgast im Bahnhof und musste feststellen, dass aus diesem nur 4 Züge pro Tag abfuhren.

Gori und Stalin

Gori hat einen cremegelben, gut erhaltenen neoklassischen Bahnhof mit Säulenvorbau. Über der bahnsteigseitigen Bahnhofstür hing lange ein Portrait Josef Stalins. In einem der Warteräume des Bahnhofs fand sich bis vor wenigen Jahren zudem eine Stalinstatue. Der Grund für die örtliche Wertschätzung des sowjetischen Diktators, dessen Statue bis zum Sommer 2010 auch vor dem Rathaus der Stadt stand: Stalin wurde (1878) in Gori geboren.
☞: Gori liegt übrigens unweit der Grenze zur Region Südossetien und wurde im Ossetienkonflikt im August 2008 von Russen und Südosseten besetzt. Später waren die georgier bemüht, das Stalingedenken abzubauen.

Der Flughafenbahnhof von Tiflis

Die Griechische Mythologie erzählt von einem sagenhaft reichen Land am Ostrand des Schwarzen Meeres, in welchem Jason und die Argonauten dem König Aietes mit Hilfe seiner Tochter Medea das Goldene Vlies entführten. Beim Goldenen Vlies handelte es sich um das Fell des Widders Chrysomeles, der fliegen konnte und die Kinder des Königs Athamas vor ihrer eifersüchtigen Stiefmutter nach Kolchis in Sicherheit brachte. Der Widder wurde geopfert und sein Vlies in einem heiligen Hain aufgehängt, wo es von einem Drachen bewacht wurde. Bei Kolchis soll es sich um das heutige Georgien gehandelt haben. Georgien war einst goldreich und Schaffelle wurden verwendet, um das Gold aus den Flüssen zu waschen - wahrscheinlich eine Grundlage des Goldenen Vlies-Mythos.

Besucher, die auf dem Flughafen der georgischen Hauptstadt Tiflis ankommen und vom Flughafenbahnhof, von de Präsident Shakaschwili einst meinte, *er wäre viel besser als derjenige von Genf*, per Zug in die Innenstadt fahren, mögen sich an diesen Mythos erinnert fühlen. Denn die Bahnstation sieht mit ihrer goldfarbigen Außenverkleidung und ihrer geschwungenen Form mit Knubbel so aus, als hätte jemand einen Knoten in das Goldene Vlies gemacht und dieses über die Bahnstation geworfen.

Suchumi

Im Internet finden sich Photoblogs mit Bildern, die den morbiden Charme einer verfallenden und von der Natur überwucherten *Abkhazia Railway Station* zeigen. Dabei handelt es sich um den Bahnhof von Suchumi, der Hauptstadt der von Georgien abtrünnigen Provinz Abchasien. Zu Sowjetzeiten war Suchumi ein wichtiger Badeort mit repräsentativem Bahnhof. Doch durch den Bürgerkrieg und die Grenzschließung kam der Bahnverkehr zum Stillstand und der Bahnhof fiel brach.

Anhang

1. Liste von Bahnhofsbeinamen

List of nicknames of railway stations

Frankreich

Haut Picardie (TGV)	Gare aux betteraves
Juvisy sur Orge	Größter Bahnhof der Welt
Lille Europe	Gare aux courants d´air
Paris Châtelet les Halles	Flipper
Perpignan	Spirituelles Zentrum der Welt

Italien

Roma Termini	Il dinosauro (der Dinosaurier)
Roma Termini	Papst Johannes II-Bahnhof (offiziell)

Österreich

St. Anton	St. Beton

Großbritannien

London Paddington	Gateway to the West
London St. Pancras	Kathedrale der Eisenbahn

Spanien

Canfranc (Spanien)	Gare fantôme

Benelux

Antwerpen Zentral	Eisenbahnkathedrale
Den Haag C.S.	Sjoelbaak
Rotterdam CS	Patatzak

Zentral-/Osteuropa

Bratislava	Gewächshaus
Iași (Rumänien)	Deutsches Schloss
Prag Hlavni nadr.	Wilsonbahnhof, Hlavak
Sludjanka (Russland)	Marmorbahnhof

2. Berühmte Personen, die in Bahnhöfen starben

Person (Gedenktafel/Plaque ◈)	Bahnhof Station	Todesursache, Jahr Cause of death, Year
I.F. Annensky (Russ. Poet u. Lehrer)	Tsarskoe Selo Bhf (RU)	*Herzversagen (heart failure), 1909*
Leo Tolstoi ◈ (Russ. Schriftsteller)	Astopowo (RU)	*Lungenetzündung (Tuberculosis), 1910*
Emile Verhaeren (Belg. Dichter)	Rouen (FR)	*Vom Zug überrollt (hit by a train), 1916*
Ion Duca (Rumän. Premierminister)	Sinaia(RO)	*Von Faschisten erschossen, 1933*
Attila Jozsef ◈ (Ungar. Dichter)	Balatonszarszo (HU)	*Von Güterzug überrollt, 1937*
Zbigniew Cybulski ◈ (Poln. Schauspieler)	Breslau (PL)	*Vom Zug überrollt (hit by a train), 1967*
Eric Treacy (Brit. Eisenbahnphotograph)	Appleby (UK)	*Herzanfall, 1978 (heart attack)*

3. Andere berühmte Personen, an die in Bahnhöfen durch Gedenktafeln oder Statuen erinnert wird

Person	Bahnhof Station	Ereignis (Denkmal) Event (statue/plaque)
Isambard Brunel (1806-1859)	London Paddington	*- (Wichtiger britischer Bahningenieur)*
Salvador Dali (1904-1989)	Perpignan	*Inspiriert durch den Bahnhof (Denkmal auf d. Dach)*
Kazimierz Nowak (1897-1937)	Posen/ Poznan	*- (polnischer Afrikareisender)*
James Joyce (1882-1941)	Ljubljana	*Eine Nacht am Bahnhof verbracht (Bodenplatte)*
John Betjeman (1906-1984), brit. Eisenbahnpoet	London-St. Pancras	*Kämpfte in den 1960ern um den Bahnhofserhalt*
	Dilton Marsh Halt	*Betjeman-Gedicht zum Haltepunkt*

In London Paddington findet sich zudem eine Statue für den *Paddington-Bär*, eine Kinderbuchfigur, und für im Ersten Weltkrieg gefallene Mitarbeiter der Great Western Railway.

4. Besondere Treffpunkte in oder an Bahnhöfen
Special meeting pints at or in railway stations

Bahnhof *Station*	Treffpunkt *Meeting point*
Glasgow Central Station	*Heilanman´s Umbrella* Bahnhofsbrücke über die Argyle Street
Helsinki Hbf	Lampen tragende Riesen am Eingang
Kopenhagen Hbf	*Unter der Uhr (`under uret')* bei der Standuhr in der Bahnhofshalle
London Waterloo Station	*Waterloo Station Clock* Hängeuhr in der Bahnhofshalle
Roma Termini	*Lampada Osram* Hohe Lampe auf dem Vorplatz.
Stockholm	Ring, „*Spottkoppen*' (Spuknapf) genannte runde Öffnung im Boden der Bahnhofshalle zum Untergeschoss
St. Petersburg Moskauer Bahnhof	Statue Peters des Großen in der Bahnhofshalle
Zürich Hauptbahnhof	Große stehende Bahnhofsuhr in der Mitte der Bahnhofshalle

5. Stilvorbilder von Empfangsgebäuden

Empfangsgebäude	Vorbild *(teilweise), model*
Antwerpen CS	Innen: Pantheon in Rom Kuppel: Luzern (alter Bahnhof)
Budapest Keleti Pu	Berlin ehem. Lehrter Bahnhof (Mittelrisalit)
Milano Centrale	Washington Union Station
Paris Gare de Lyon	Uhrturm: Big Ben Glockenturm

6. Wichtige europäische Bahnhofsarchitekten

Empfangsgebäude	Bahnhofsbauten
Friedrich Eisenlohr (1805-1854)	Lahr, Emmendingen und Denzlingen. Erste Bahnhöfe von Mannheim, Karlsruhe, Freiburg, Heidelberg. Stil: neo-gotisch
George Gilbert Scott (1811-1878)	London St. Pancras (1868-1877) Stil: neo-gotisch
Friedrich Bürklein (1813-1872)	Augsburg Hbf, Bamberg, alte Bhf von München und Würzburg
Wilhelm von Flattich (1826-1900)	Wien Südbahnhof Hauptbahnhof Triest
Jakob Friedrich Wanner (1830-1903)	Zürich Hauptbahnhof (1865-1871) Aarau Bhf, Schaffhausen Bhf Insgesamt >20 Schweizer Bahnhöfe Stil: Neorenaissance
Gustave Eiffel (1832-1923)	Budapest Nyugati, Maputo (Mosambik), Halle der Estacion Central (Santiago de Chile)
Frederick W. Stevens (1847-1900)	Bombay Victoria Station (1888) Stil: Neogotisch/orientalisch
Ferenc Pfaff (1851-1913)	Cluj-Napoca, Pecs, Miskolc Tisza, Rijeka, Zagreb Hbf
Eliel Saarinen (1873-1950)	Helsinki Hauptbahnhof (1910-14), Vyborg Bahnhof (1913), zerstört Stil: Jugendstil
Paul Bonatz (1877-1956)	Stuttgart Hbf (1914-1927) Stil: neue Sachlichkeit
Meinard von Gerkan (1935)	Berlin Hauptbahnhof (2006) Stil: Moderne Glasarchitektur
Santiago Calatrava (1951)	Zürich Stadelhofen (1984) Lissabon Oriente (1998) Flughafenbahnhof Lyon (1994) Liege Guillemins (2007) Reggio nell Emilia (2013) Stil: modern, biomorphe Formen

7. Die größten Bahnhöfe in Europa nach der Zahl der Reisenden und Besucher in Tausend, werktäglich

Land	Reisende/Besucher pro Tag (1000)
Belgien	Brüssel Central 400 (Reisende: 140), Midi 250, Nord 100; Leuven 55, Gent Sint Pieters 44, Antwerpen CS 39, Namur 38, Mechelen 19, Lüttich-G. 17, Mons 11, Charleroi 10, Aalst 8.5
Bulgarien	Sofia Hbf 11 (Reisende)
Dänemark	Kopenhagen (Reisende): Hbf 80, Österport 30
Estland	Tallinn 8 (davon Reisende, 2007: 7.5)
Finnland	Helsinki: Hbf 200, Pasila 50; Tampere 4.5
Frankreich	Paris: Gare du Nord 500, St. Lazare 250, Gare de Lyon 225, Montparnasse 140, Gare de L´Est 93, Austerlitz 68; Lyon Part Dieu 80, Lille 60, Straßburg 55, Bordeaux St J. 50, Nancy 40, Toulouse 22, Marseille 25, Metz 25, Rouen 14, Mulhouse 11
Groß-britannien	London: Waterloo 210, Victoria 169, St Pancras 146, Paddington 69; Birmingham New Street 95, Glasgow Central 93, Manchester Piccadilly 55, Leeds 50, Edinburgh 42, Belfast 25
Italien	Roma Termini 480, Milano Centrale 320, Turin P.N. 192, Florenz S.M.N 160, Bologna Centrale 159, Napoli Centrale 152, Venezia Mestre 85, Verona PN 68, Genua P. Principe 66, Palermo 52, Padua 50, Bari 38
Lettland	Riga 74 (Reisende, 2006)
Niederlande	Amsterdam CS 150 (+100 Besucher), Utrecht 145, Rotterdam 110, Leiden 80, Groningen 30, Gouda 19
Norwegen	Oslo 40
Polen	Lodz Fabrycna 17, Swinouscie 1
Rumänien (Reisende, 02)	Timisoara 42, Bukarest Nord 40, Cluj Napoca 15, Iaşi 11, Craiova 10, Konstanza 6.5
Schweden	Stockholm 250, Göteborg 40, Uppsala 40, Malmö 38
Spanien	Barcelona: Sants 124, Passeig de Gr. 41; Madrid Atocha 440, Malaga 66, Pamplona 6
Tschech. R.	Prag Hlavni Nadr. 100, Brno 70
Ukraine	Kiew 170, Dniepropetrowsk 45

Literatur

Les plus belles histoires des trains
Timée Editions, Boulogne 2003

Paul Atterbury
Tickets Please-
A Nostalgic Journey Through Railway Station Life
David & Charles, Shalbourne 2006

Bund Deutscher Architekten (Hrsg.)
Renaissance der Bahnhöfe
Vieweg Verlag, Braunschweig 1996

Jérôme Camand, Philip Gould (Photos)
Les Plus Belles Gares de France
La Vie du Rail, Paris 2005

Jean des Cars
Dictionnaire amoureux des Trains
Librairie Plon, Saint-Amand-Montrond 2006

Michael Dörflinger
333 x Superlative und Kuriositäten des Schienenverkehrs
GeraMond, München (Gilching) 2019

Lis Künzli (Hrsg.)
Bahnhöfe. Ein literarischer Führer
Eichborn Verlag, Berlin 2007

Mihály Kubinsky
Bahnhöfe Europas- Ihre Geschichte, Kunst und Technik
Franck'sche Verlagshandlung, Stuttgart 1969

Benedict le vay
Britain from Rails
A Window Gazer's Guide
Bradt, Bucks (UK), 2009

Erich Preuß, Hans-Joachim Kirsche
Wunderwelt der Eisenbahn
GeraMond Verlag, München 2001

Ralf Roth
Das Jahrhundert der Eisenbahn
Jan Thorbecke Verlag, Ostfildern 2004

Brian Solomon
Railway Masterpieces
David &Charles, Newton Abbot 2002

Webseiten
(für externe Links kann keine Verantwortung übernommen werden)

www.de.wikipedia.org
(Wikipedia-Seiten zu Bahnhöfen)

www.anecdotage.com
(Amerikanische Anekdotenwebseite)

www.jernhusen.se
(Daten zu schwedischen Bahnhöfen)

www.kolej.one.pl
(Infos zu polnischen Bahnhöfen)

http://www.skyscrapercity.com/showthread.php?t=342415
World´s Largest and Busiest Rail Stations

http://www.kesten.de/index.php?station=podwol&kat=ORT
Informationen zum Bahnhof Podwoloczyska

http://rixke.tassignon.be/spip.php?article563
Mechelen, Milliaire-Säule am Bahnhof

http://www.treintrambus.be/actueel/blog/1216-opstapcijfers.html
Einsteigerzahlen belgische Bahnhöfe

http://www.ostpreussen.net/index.php?seite_id=12&bericht=04&kreis=13&stadt=23
Bahnhof Korschen (ehem. Ostpreußen)

Weitere Bahnhofsbücher des Autors (Siehe www.bod.de)
(insgesamt 5 Bände, 1001 Bahnhofsgeschichten)

Der Schicksalsbahnhof jenseits der Berge
Kleine Geschichten zu 111 Bahnhöfen in den Alpenländern
Books on Demand, Norderstedt 2019

Palast der tausend Winde und Stachelbeerbahnhof
Kleine Geschichten zu 222 Bahnhöfen in Deutschland
Books on Demand, Norderstedt 2019

Der Lebkuchenbahnhof am Ende der Welt
Kleine Geschichten zu 222 Bahnhöfen in Afrika, Asien und Ozeanien
Books on Demand, Norderstedt 2011

Grand Central Terminal und Pampabahnhof
Kleine Geschichten zu 222 amerikanischen Bahnhöfen von Alaska bis Feuerland
Books on Demand, Norderstedt 2013

Antwerpen CS

www.ingramcontent.com/pod-product-compliance
Lightning Source LLC
Chambersburg PA
CBHW070246230526
45470CB00002B/496